环境工程与生态修复探析

史作华 杨清升 武 燕 著

辽宁大学出版社 沈阳

图书在版编目（CIP）数据

环境工程与生态修复探析/史作华，杨清升，武燕著．--沈阳：辽宁大学出版社，2024.12．--ISBN 978-7-5698-1874-1

Ⅰ．X5

中国国家版本馆 CIP 数据核字第 2024JV5937 号

环境工程与生态修复探析
HUANJING GONGCHENG YU SHENGTAI XIUFU TANXI

出 版 者：辽宁大学出版社有限责任公司
（地址：沈阳市皇姑区崇山中路 66 号　邮政编码：110036）
印 刷 者：沈阳市第二市政建设工程公司印刷厂
发 行 者：辽宁大学出版社有限责任公司
幅面尺寸：170mm×240mm
印　　张：14.75
字　　数：230 千字
出版时间：2024 年 12 月第 1 版
印刷时间：2025 年 1 月第 1 次印刷
责任编辑：李珊珊
封面设计：徐澄玥
责任校对：郭宇涵

书　　号：ISBN 978-7-5698-1874-1
定　　价：88.00 元

联系电话：024-86864613
邮购热线：024-86830665
网　　址：http://press.lnu.edu.cn

前　言

随着工业化和城市化的迅猛推进,人类活动对自然环境的影响日益显著,引发了一系列严峻的环境问题,包括但不限于大气污染、水体污染、土壤退化以及生物多样性的急剧下降。这些问题不仅对人类的生存和发展构成了直接威胁,更对地球生态系统的稳定性和健康造成了深远的影响。因此,全球范围内对环境保护、生态平衡以及可持续发展的重视日益增强,这些议题已成为国际社会的共同关切。在这样的背景下,保护全球环境、推进可持续发展的理念已成为全人类的共识。探索如何利用环境工程与生态修复技术来有效改善当前环境状况,已成为当代科学研究的重要课题之一。

几十年来,环境科学与工程领域取得了长足的发展,从传统的污染治理到现代的生态修复,一系列创新技术和方法应运而生。这些技术不仅在理论上得到了深入研究,在实践中也发挥了重要作用,为解决环境问题提供了新的思路和手段。环境工程是一门综合性学科,它运用自然科学、工程学和社会科学的原理和技术,以预防和减轻环境污染,保护和改善环境质量。而生态修复则侧重于对受损生态系统的恢复和重建,通过自然和人工干预手段,促进生态系统的结构和功能恢复到接近自然状态。因此,环境工程与生态修复的研究与实践,环境工程与生态修复的研究和实践,对于实现可持续发展具有重要的现实意义和深远的历史意义。

《环境工程与生态修复探析》是一部系统阐述环境工程与生态修复理论与实践的专著。本书首先深入探讨了环境工程的基础知识，包括环境与生态环境的关系、环境污染对人体健康的危害以及环境监测的重要性。随后，书中详细分析了大气和废气的监测以及水质监测方案的制订和相关物质的监测。其次在大气污染与防治工程方面，本书不仅讨论了大气圈与污染气象，还深入研究了大气的污染一起防治。另外对固体废物污染控制工程也做了一定的介绍，涵盖了固体废物的特性、处理和处置方法。最后书中特别关注了森林植被和水生态系统的生态修复技术。本书旨在为环境科学与工程领域的研究者和实践者提供全面、深入的理论和实践指导，以促进环境的可持续发展和生态系统的健康恢复。在撰写本书的过程中，由于自身知识和经验的局限性。尽管努力追求科学性和严谨性，但书中难免会有疏漏和不足之处。我们诚挚地希望广大读者和同行专家提出宝贵的意见和建议，以便我们不断修正和完善。

作　者
2024 年 9 月

目 录

前 言 ··· 1

第一章　环境工程基础 ·· 1

第一节　环境与生态环境 ·· 1
第二节　环境污染与人体健康 ······································ 14
第三节　环境监测 ··· 20

第二章　大气和废气监测 ·· 32

第一节　大气和废气监测基础 ······································ 32
第二节　大气环境质量的监测 ······································ 41
第三节　废气污染源的监测 ··· 49
第四节　大气环境质量评价和废气污染源达标评价 ········· 56

第三章　水和废水监测 ··· 61

第一节　水样的采集和保存 ··· 61
第二节　水质监测方案的制订 ······································ 69
第三节　水体中的多种物质监测 ··································· 80

第四章　大气污染与防治工程 ······································ 92

第一节　大气圈与污染气象 ··· 92

    第二节　大气污染 …………………………………………… 100
    第三节　大气污染防治 ………………………………………… 106

第五章　固体废物污染控制工程 ………………………………… 127
    第一节　固体废物的特性与管理 ……………………………… 127
    第二节　固体废物处理方法 …………………………………… 134
    第三节　固体废物处置方法 …………………………………… 148

第六章　森林植被的生态修复 …………………………………… 159
    第一节　气候与植被恢复 ……………………………………… 159
    第二节　植物与微生物的修复机理 …………………………… 172
    第三节　人工生态修复的物理、化学机理 …………………… 182
    第四节　森林植被恢复技术 …………………………………… 189

第七章　水生态保护与修复 ……………………………………… 197
    第一节　水污染及其处理 ……………………………………… 197
    第二节　水生态与生物多样性保护技术 ……………………… 205
    第三节　湖泊生态系统的修复 ………………………………… 211
    第四节　河流与地下水的生态修复 …………………………… 221

参考文献 …………………………………………………………… 225

第一章　环境工程基础

第一节　环境与生态环境

一、环境概论

（一）环境

1. 环境的含义

环境是一个应用广泛的名词，它的含义和内容既极其丰富，又随具体状况而不同。从哲学上来说，环境的定义是一个相对于主体而言的客体，它与其主体相互依存，其内容随主体的不同而不同。对环境科学而言，"环境"的含义应是以人类社会为主体的外部世界的总体。

天地玄黄，宇宙洪荒。自然界是独立于人类之外的，在人类出现以前，它已经历了漫长的发展过程。地球作为太阳系的一个成员，首先经历了漫长的无生命阶段；在地球内能和太阳能的共同作用下，经过一系列物质能量的迁移转化，形成了原始的地球环境，为生物的产生和发展创造了必要条件。随着生物的出现，地球环境进入了生物与其环境辩证发展的新阶段；生物的发展为人类的发展提供了条件，而人类的发展使地球环境进入了一个更新的阶段，即人类与其环境辩证发展的阶段。随着科学技术的进步，人类赖以生存的环境概念也在不断深化。

2. 环境要素

（1）环境要素的概念

构成环境整体的各个独立的、性质不同而又服从整体演化规律的基本物质组成称为环境要素，亦称环境基质。环境要素主要包括水、大气、生物、土壤、岩石和阳光等。

（2）环境要素的特点

环境要素具有一些非常重要的特性，它们是认识环境、评价环境、改善环境的基本依据。

①等值性。对整体环境质量而言，任何环境要素，当它们处于最差状态时都具有等值性，即各个环境要素在规模上、数量上可能有很大的不同，但当它们处于最差状态时，其对环境质量的制约作用并无本质差别。

②整体效应。环境的整体性大于环境诸要素的个体之和。一个环境的性质要比组成它的环境要素之和更丰富、更复杂、更高级。环境的整体性并不是环境要素简单的加和，而是有了质的飞跃。例如，从地球发展史看，每一个要素的出现不仅给环境整体带来巨大影响，而且派生出新的性质和功能。越复杂的东西，整体效应也越显著。

③统一性和制约性。环境诸要素之间存在着相互联系、相互作用、相互依存又相互制约的关系。例如，大约在6500万年前，地球上生活着庞大的恐龙家族，它们称霸世界约有1亿年之久，但在其后的50~200年间突然全部灭绝，这必定与当时环境（或某个环境要素）的剧烈变化有密切关系。地球上的任何生物，在长期的竞争中能生存下来，都是取得了与环境和其他物种相互依存的协调关系。

3. 环境结构

（1）环境结构的定义

环境要素的配置关系称为环境结构，它表示环境要素怎样结合成一个整体。环境结构通常分为自然环境结构和社会环境结构。

①自然环境结构。从全球自然环境结构来看，可分为大气、陆地和海洋三大部分。聚集在地球周围的大气层约占地球总质量的百万分之一，约为5

$\times 10^{15}$ t。陆地是地球表面未被海水浸没部分,总面积约 14900×10^4 km², 约占地球表面积的 29.2%。海洋的面积有 36100×10^4 km², 占地球表面积的 70.8% 左右。

②社会环境结构。社会环境结构可分为城市、工矿区、村落、道路、农田、牧场、林场、旅游胜地及其他人工环境。

(2) 环境结构的特点

从全球环境而言,环境结构的配置及其相互关系具有圈层性、地带性、节律性、等级性、稳定性及变异性等特点。

①圈层性。在地球垂直方向上,整个地球环境的结构具有同心圆状的圈层性。地球表面是土壤、岩石圈、水圈、大气圈和生物圈的交汇之处,是无机界和有机界交互作用最集中的区域,为人类的生存和发展提供了最适宜的环境。另外球形的地表使各处的重力作用几乎相等,使所获得的能量及向外释放的能量处于同一数量级,这对于植物的引种和传播,动物的活动和迁移,环境整体的稳定和发展,均产生积极的影响。

②地带性。在水平方向上,由于球面的地表各处位置、曲率和方向不同,地表各处得到的太阳辐射能量密度不同,因而产生与纬度相平行的地带性结构格局。

③节律性。在时间上,任何环境结构都具有谐波状的节律性。日月盈昃,寒来暑往。地球的形状和运动是其固有性质,在随着时间变化的过程中,都具有明显的周期节律性。太阳辐射能、空气温度、水分蒸发、土壤呼吸强度、生物活动的变化等都受这种节律性的控制。

④等级性。在有机界的组成中,依照食物摄取关系,生物群落具有阶梯状的等级性。如地球表面的绿色植物利用环境中的光、热、水、气、矿物元素等无机成分,通过复杂的光合作用过程形成碳水化合物,这种有机物质的生产者被高一级的消费者草食动物所取食,而草食动物又被更高一级的消费者肉食动物所取食。动植物死亡后,又被数量众多的各类微生物分解为无机成分,形成一条严格有序的食物链结构。这种在非同一水平上进行的物质能量统一传递过程,使环境结构表现出等级性的特点。

⑤稳定性和变异性。环境结构具有相对的稳定性、永久的变异性和有限的调节能力。从环境结构本身来看，虽然它具有自发的趋稳性，但是总是处于变化之中。在人类出现以前，只要环境中某一个要素发生变化，整个环境结构就会相应发生变化，并在一定限度内自行调节，在新的条件下达到平衡。人类出现后，尤其是现代生产活动日益发展、人口急剧增长导致的环境结构变动，无论在速度上还是强度上都是空前的。

4. 环境系统

环境系统就是一定时空中的环境要素通过物质交换、能量流动、信息交流等多种方式，互相联系、相互作用形成的具有一定结构和功能的整体，是地球表面各环境要素或环境结构及其相互关系的综合。环境系统的内在本质在于各种环境要素之间的相互关系和相互作用过程。

由环境要素组成环境的结构单元，环境的结构单元又组成环境整体或环境系统。如全部水体总称为水圈；由大气组成大气层，全部大气层总称为大气圈；由岩石构成岩体，外层岩石风化形成土壤，由土壤构成农田、草地和森林等，全部岩石和土壤构成的固体壳层总称为岩石圈（或土壤－岩石圈）；由生物体组成生物群落，全部生物群落称为生物圈；随着人类的发展，人类通过劳动和创造超脱了一般生物规律的制约，形成了一个新的智能圈或技术圈。

环境系统的范围可以是全球性的，也可以是局部性的，其具体范围视所研究和需要解决的环境问题而定。全球系统是由许多亚系统交织而成的，如大气－海洋系统、土壤－植物系统等。环境系统是一个动态的、平衡的和相对稳定的开放体系。环境系统有其发生、发展和形成的历史。它一直处于演变过程中，特别是在人类活动的作用下，环境系统的组成和结构不断地发生变化。环境系统是一个平衡体系，各种环境要素彼此相互依赖，其中任何一个环境要素发生变化都会影响整个系统的平衡，推动其发展，建立新的平衡。环境系统在长期的演化过程中逐渐建立起自我调节机制，维持它的相对稳定性。但环境系统的稳定性和调节能力存在极限，人类社会、经济的发展必须考虑这一极限。环境系统是一个开放系统，阳光提供辐射能为其他要素所吸收，系统中各种物质之间在太阳能和地壳内放射能的作用下进行着永恒的能量流动和物质交换。因此，污染物一旦释放到环境中，便会发生一系列的迁移和转化，追踪和治理污染物的难度可想而知。

从系统的角度，以系统的观点，正确、全面地认识环境，掌握环境系统的运动变化规律，是人类选择适当的社会发展行为，防止、减少直至解决环境问题的基础。

(二) 环境的分类

环境是一个非常复杂的体系，按照系统论的观点，人类环境是由若干个规模大小不同、复杂程度有别、等级高低有序、彼此交错重叠、彼此互相转化变换的子系统组成的，是一个具有程序性和层次结构的网络。根据不同原则，人类环境有不同的分类方法，一般按照环境的要素、环境的主体、人类对环境的利用或环境的功能进行分类。

以人类对自然的利用和改造的角度来划分的环境类型为例，由近及远、由小到大可分为聚落环境、地理环境、地质环境和星际环境。

1. 聚落环境

聚落是人类聚居的场所、活动的中心。聚落环境是人类聚居场所的环境，根据其性质、功能和规模可分为院落环境、村落环境和城市环境等。

(1) 院落环境

院落环境是由一些功能不同的建筑物和与其联系在一起的场院组成的基本环境单元。如我国西南地区的竹楼、内蒙古草原的蒙古包、北方居民的农家院、北京的四合院以及各大院校的校园等。由于经济发展的不平衡，不同院落环境及其各功能单元的现代化程度相差甚远，并具有明显的时代和地区特征。

院落环境的污染主要由居民的"三废"造成。在我国的农村以及城市的某些大院，院落环境拥挤杂乱，因而在今后院落环境的规划中，要充分考虑内部结构的合理性并与外部环境协调，考虑太阳能的利用，提倡院落环境园林化。

(2) 村落环境

村落主要是农业人口聚居的地方。村落环境污染主要来源于农业污染及生活污染。必须加强农药和化肥的管理，尽量多用有机肥，少用化肥并提高施肥的技术和效果，尽量以综合性生物防治代替农药，使用速效、易降解的农药，从而减少化肥和农药污染。

(3) 城市环境

城市是非农业人口聚居的场所。城市环境是人类利用和改造自然而创造出来的高度人工化的生存环境。城市为居民的物质文明和精神文明生活创造了优越的条件，但也因人口密集、工厂林立、交通繁忙等使环境遭到严重污染和破坏。

①城市化对大气环境的影响。城市化改变了地面的组成和性质。城市化将自然状态的森林、草地或土壤替代为人工硬化地面和由钢筋混凝土、砖瓦、玻璃、金属等材料组建的各式建筑物，改变了地面粗糙度和对太阳光的反射与辐射特性，从而改变了大气的物理性状；城市中的工厂、车辆排放大量气体和颗粒污染物，这些污染物会改变城市大气的物质组成。城市消耗大量的能源，并向城市大气释放大量热能，从而导致城市热岛的形成。

②城市化对水环境的影响。城市化对水量和水质都造成很大影响。城市人口众多，工业和生活用水量大，往往使水源紧缺甚至枯竭。在开发我国西部的过程中，必须考虑包括水资源在内的环境承载力问题。地下水过度开采还会导致某些区域地面下沉。城市中由于增加了不透水面积和排水工程，导致渗流减少，地下水得不到足够的补给，破坏了自然的水循环；暴雨时不仅洪峰的流量增大，而且频率也增加。生活污水和工业污水的大量排放致使城市水体质量恶化，有毒工业废水的排放对饮水安全造成威胁。

③城市化对土壤及生物环境的影响。城市化产生大量的垃圾，这些垃圾在堆放、填埋处理等过程中要占用大量的土地，并对周边地区的土壤造成污染。工业固废、危险废物的填埋更是潜在的土壤安全威胁。城市化不可避免地占用大量土地，破坏自然植被，致使原始生态系统崩溃，严重破坏了生物环境。因此，如何建设生态城市，是我国当前的重要课题。

④城市化的其他环境影响。城市化还将导致噪声、振动、微波、电磁辐射、杂散光等物理性污染。此外，随着城市规模的盲目扩大，必然导致交通拥堵、住房紧张等一系列问题，最终影响人的正常工作和生活。

因此，在城市建设过程中，首先要确定其功能和规模，然后制定合理的城市规划，以建设功能完备、方便、宜居的城市环境。

2. 地理环境

地理环境是由与人类生产、生活密切相关的，直接影响人类生活的水、土、气、生物等环境因素组成的，具有一定结构的多级自然系统。

一定的生存环境和相应的生物群落组成一定的地理环境结构单元。任何一个地理环境结构单元内部都进行着复杂的物质能量交换，同时系统也与外界进行着物质和能量交换。物质与能量的输入和输出又把相邻的环境结构单元联系起来，形成环境链（或景观）。具有相同类型环境链的地域称为环境地带，例如干旱草原地带、润湿森林地带等。对于地理环境，一定要研究其结构性规律，因地制宜地进行全面规划、合理布局、综合利用。目前，国务院有关部门、设区的市级以上地方人民政府及其有关部门，应当在规划编制过程中组织进行环境影响评价，以提高诸如土地利用以及区域、流域、海域的建设和开发利用等规划的科学性，这对于城市间的协同发展，从源头预防环境污染和生态破坏，促进经济、社会和环境的全面协调可持续发展，具有重要意义。

3. 地质环境

地质环境主要指地表下面的坚硬地壳层。地质环境为人类提供大量的生产资料丰富的矿产资源。矿产资源是在地壳形成后经过长期的地质演化过程形成的固态矿物组合体。

矿产资源消耗是一个国家富裕水平的指标，当前世界各国对矿产资源的消耗存在巨大的差别。由于矿产资源是难以再生的，因此人类必须节约有限的资源。此外，应防止矿产资源开发过程中产生生态破坏、地下水污染、地质灾害等环境问题。

4. 星际环境

星际环境又称宇宙环境，是指地球大气圈以外的宇宙空间。目前人类对星际环境的认识还处在初级阶段。宇宙射线或星际物质，月球、太阳和地球间位置的变动等，对人类生存和发展都有重要影响。在广阔的宇宙环境中，太阳与地球的关系最为密切，地球上所有生命所需的能量主要来自太阳辐射。太阳能是无所不在、取之不尽、用之不竭的清洁能源。

人类对太阳能的开发利用主要是发电，建立太阳能电站是主要发展趋势，如在大沙漠和海上建立大规模太阳能电站，甚至建造太空电站，用微波将电力输送到地面。太阳能光电池可用于交通工具、建筑物等设施上。太阳能也可用于水污染治理，由聚光器提供的极高光子通量对水进行光催化消毒，使有毒物质分解成二氧化碳、水和易于中和的酸，以此技术处理被污染的水源。太阳能发电系统主要由光伏电池阵列、蓄电池、逆变器、负载等几部分组成，而电池部件的生产及报废均会产生污染，因此怎样更加清洁有效地利用太阳能是迫切需要解决的问题。

二、生态环境

生态环境是指生物有机体周围的生存空间和生态条件的总和。生态环境由许多生态因子综合而成，对生物有机体起着综合作用。

近年来，由于人类对自然资源不合理的开发利用，以及环境污染的日益严重，生态环境发生了一系列变化，不同程度地改变了某些生态系统的结构和功能，造成生态破坏的环境问题。生态环境的保护已成为全球关注的问题，由此推动了生态学的发展。生态学的基本原理被当作解决环境问题的重要理论基础，也被看成是社会经济持续发展的理论基础。

（一）生态学基本原理

1. 生态学的定义

现代的生态学是研究生物与环境之间相互关系及其作用机理的科学。随着时代的发展，生态学的研究层次、研究手段和研究范围都有较大的提高和扩展。

2. 生态系统

（1）基本概念

生态系统是指在自然界的一定空间内，生物与环境构成的统一整体，即生命系统和环境系统的有机结合体。生物与环境之间互相影响，不断演变，并在一定时期内处于相对稳定的动态平衡。生态系统是自然界的基本结构单元。生态系统的范围可大可小，小到一滴天然水，大到整个生物圈，都可以当作一个生态系统。环境系统和生态系统两个概念的区别是：前者着眼于地球环境整体，而后者侧重于生物彼此间及生物与环境间的相互关系。环境系统自地球形成就存在，生态系统是生物出现以后的环境系统。

生物圈是指地球上生物及其生命活动产物所集中的范围，从海平面以下约12km的深度到海平面以上约23km的高度，包括平流层的下层、整个对流层、沉积岩圈和整个水圈。在这些圈层界面上生活的生物构成了生物圈，是生物活动的最大环境。生物圈构成了一个复杂而巨大的生态系统，并参与对岩石圈、大气圈和水圈的变化与发展。生物圈中生物与环境的相互作用形成一个由生物控制的动态系统，这个系统保证了地球环境的相对稳定。

生境是在一定时间内具体的生物个体和群体生存空间的生态条件的总和，又叫生态环境。

生态因子是指环境中对生物生长、发育、生殖、行为和分布有直接关系和间接影响的环境因素。一般分为五类：气候因子、土壤因子、地理因子、生物因子、人为因子。每类还可分为一些亚类，如气候因子可分为温度、湿度、光照等。

（2）生态系统的组成与结构

生态系统的组成成分是指系统内所包括的若干类相互联系的各种要素。生态系统主要由两大部分、四个基本成分组成。两大部分就是生命成分和非生命成分。四个基本成分就是非生物环境、生产者、消费者和分解者。

构成生态系统的各个组成部分，各种生物的种类、数量和空间配置，在一定时期内的结构相对稳定。生态系统的结构包括物种结构、营养结构和形态结构。

①物种结构。一般来说，生态系统中的物种结构主要以群落中的优势种类、在生态功能上的主要种类或类群作为研究对象。不同类型生态系统的物种结构差异很大，如水域生态系统的生产者主要是须借助显微镜才能分辨的浮游藻类或部分可见水生植物，而森林生态系统的生产者却是一些高达几米、几十米的乔木和各种灌木。

②营养结构。生态系统各组成部分之间通过营养联系构成了生态系统的营养结构。食物链是指生态系统中植物制造的初级能源，通过生物进行一系列运转，形成一种捕食与被捕食的食物营养纽带的连锁关系。食物链是简单描写生物间食物关系的概念，实际上很多动物的食物不是单一的，因此食物链之间又交错相连，构成复杂的食物网。食物网指生态系统中生物之间错综复杂的网状食物关系。一般说，具有复杂食物网的生态系统，一种生物的消失不致引起整个生态系统的失调，但食物网简单的系统，其在生态系统功能上起关键作用的物种一旦消失或受到严重破坏，就可能引起这个系统的剧烈波动。例如，如果构成苔原生态系统食物链基础的地衣因大气中的二氧化碳含量超标而受到破坏，就会导致生产力的毁灭性破坏，从而使整个系统遭到毁灭。

③形态结构。生态系统的生物种类、种群数量、种群的空间配置和时间变化构成了生态系统的形态结构。例如，一个森林生态系统，其中植物、动物和微生物的种类和数量基本上是稳定的，它们在空间分布上具有明显的成层现象。在地上部分自上而下有乔木层、灌木层、草本植物层和苔藓地衣层，在地下部分有浅根系、深根系及其根系微生物。在森林中栖息的各种动物也有其各自相对的空间分布位置，如许多鸟类在树上营巢，许多兽类在地面筑窝，许多鼠类在地下掘洞。在水平分布上，林缘、林内植物和动物的分布也明显不同。同时，同一个生态系统，在不同的时期和不同的季节存在着有规律的时间变化。如长白山森林生态系统，冬季被白雪覆盖，银装素裹，洁白肃穆；春季冰雪融化，绿草如茵；夏季鲜花遍野，五彩缤纷；秋季果实

累累，气象万千。不仅在不同季节有着不同的季相变化，就是在昼夜之间，其形态也会有明显的差异。

(二) 生态环境保护

1. 环境生态学

环境生态学是生态学的应用学科之一，是研究人为干扰下生态系统内在变化机理、规律和对人类的反作用，寻求受损生态系统的恢复、重建和保护对策的科学，即运用生态学理论，阐明人与环境间的相互关系及解决环境问题的生态途径。

环境生态学的研究内容主要包括：人为干扰下生态系统内在变化机理与规律，干扰效应在系统内不同组分间的使用方式；各种生态效应以及对人类的影响，污染物在各类生态系统中的行为变化规律和危害方式；生态系统受损程度的判断，各类生态系统的功能与保护措施的研究，以及解决环境问题的生态对策等。

2. 生态工程

生态工程的定义为：应用生态系统中的物种共生与物质循环再生原理、结构与功能协调原则，结合系统分析的最优化方法，设计促进分层多级利用物质的生产工艺系统。生态工程的目的就是在促进自然界良性循环的前提下，充分发挥资源的生产能力，防治环境污染，达到经济效益与生态效益的同步发展。生态工程可以是纵向的层次结构，也可以发展为纵向工艺横向联系而合成的网状工程系统。生态工程处理的对象是社会－经济－自然复合生态系统。

(1) 城市生态环境调控

我国城市化进程的加快，一方面对社会经济、交通、生产以及文化的发展起到了重要的推动作用，另一方面由于城市人口的持续增长和高度集中、消费水平的不断提高，城市特有的代谢功能正在对自然界的生态平衡产生重大的影响和冲击，并对人类的居住环境和生活质量产生不利影响。城市生态环境调控的任务就是要根据自然生态系统高效、和谐原理去调控城市生态环境的物质、能量流动，使之达到平衡、协调，并力求解决近代城市中的环境问题。

城市生态系统是城市空间范围内的居民与自然环境系统、人工建造的社会环境系统相互作用而形成的统一整体。城市生态系统要比自然生态系统复杂得多，营养结构呈倒置的金字塔型。在城市这个社会－经济－自然复合系统中，自然系统是基础，显示了自然对人类社会和经济生产的根本支撑作用，经济系统是社会与自然联系的中介，社会系统则对系统起导向作用，社会体制、经济发展状况等都直接或间接地对生态系统产生深远影响。因此，要求政策的决策者们在经济生态原则的指导下拟定具体的生态目标，使系统的复合效益最高、风险最小、存活概率最高。

城市生态规划可分为综合规划和单项规划两种。对城市的单项问题如人口问题、交通问题、资源分配问题、环境问题、生活质量问题以及土地利用等问题进行的生态规划属于单项生态规划；对一个工厂、一个部门、一个社区乃至一个城市的规划属于综合性规划，它涉及社会、经济、自然等多方面因素。例如生态城市的建设：生态城市这一新的城市概念和发展模式是在联合国教科文组织发起的"人与生物圈计划"研究过程中提出的，并受到全球的广泛关注，其内涵也不断得到发展。生态城市是一种理想的城市模式，它旨在建设一种"人与自然和谐"的理想环境，生态良性循环的人类聚居地。生态城市的和谐性包含两重意义：第一是反映在人与自然的关系上，自然与人共生，人回归自然、贴近自然，自然融于城市；第二也是更重要的是反映在人与人的关系上，生态城市在营造满足人类自身进化需求的环境时，充满人情味，文化气息浓郁，拥有强有力的互帮互助的群体，富有生机与活力。这种和谐性是生态城市的核心内容。整体性生态城市不是只追求环境优美或自身的繁荣，而是兼顾社会、经济和环境三者的整体效益；不仅重视经济发展与生态环境协调，更注重人类生活质量的提高，是在整体协调的新秩序下寻求发展。

（2）发展生态农业

生态农业是指遵循生态经济学和生态规律发展农业的模式。生态农场把农田、林地、鱼塘、畜牧场、加工厂和污水处理系统巧妙地连接成一个有机整体。用农作物和枝叶喂养牲畜，是对营养物质的第一次利用；用牲畜粪便和肉类加工厂的废水生产沼气，是对营养物质的第二次利用；沼液经过氧化塘处理用于养鱼、灌溉，沼渣生产的肥料用于肥田，生产的饲料用于喂养牲畜，是对营养物质的第三次利用。在这个农业生态系统中，农作物和林木通过光合作用把太阳能转化为化学能，储存在有机物中，这些化学能又通过沼气发电转化为电能，在加工厂中用电开动机械，电能转化为机械能，用电照明，电能又转化为光能，实现了能量的传递和转化。

如果说生态农场的生态系统体现了对物质的充分循环利用，那么有机农业生态系统则更关注环境与健康。现代农业（或集约化农业）的发展带来严重的环境污染问题和食品安全问题：大量使用化肥是水体富营养化的主要原因；农药、除草剂的使用致使野生生物大量减少，破坏了生态平衡；过分集约的畜禽养殖，致使动物失去了作为生命的快乐意义，这在伦理上是不道德的。有机农业生产是一种以生态学为理论基础，并拒绝使用农用化学品的农业生产模式。其基本原理包括：立足于土壤肥力的保持与提高，建立相对封闭的作物营养体系；不使用化肥农药，保护土壤环境并节约资源；根据土地面积适量饲养家畜，并按照其自然习性饲养管理；生产高品质的食品。发展有机农业的目的是达到环境、社会和经济效益的协调发展。

无论是生态农业还是有机农业，尽管技术途径和侧重点有所不同，但其基本原理和实质内容是一致的，都体现"天人合一，顺其自然"的生态理念。中国是世界农业起源地之一，数千年来积累了丰富的农业生产经验。中国农民的勤劳、智慧、节俭，以及善于利用空间和提高土地利用率等，在发展生态农业的过程中同样值得借鉴和传承。

第二节 环境污染与人体健康

一、环境污染物对人体的作用

生命源自自然环境，以蛋白质的方式生存着，人体通过新陈代谢和周围环境进行物质交换。物质的基本单位是化学元素，人体各种化学元素的平均含量与地壳中各种化学元素的含量相适应。人体各系统和器官之间是密切联系着的统一体，人体的生理功能在某种程度上对环境的变化是适应的，如解毒和代谢功能往往能使人体与环境达到统一。但这些功能有一定的限度，环境中的污染物必然会通过各种途径侵入人体，当超过了人体所能忍受的限度时就会产生中毒症状。

在正常的环境中，人体与环境之间的物质保持动态平衡，使人类得以正常地生长、发育，从事生产劳动。相反，污染的环境使人们工作效率下降、患病率上升，甚至中毒死亡。

应该指出的是许多被认为是污染物的化学物质，如一氧化碳、二氧化硫、硝酸根及某些金属离子等，是自然存在于环境中的，当它们以低含量存在时，许多生物能自行解毒。可以合理地假定在演化过程中生物产生了抵抗低含量重金属、酸根离子的机制，只有在人类活动造成这些物质含量过高时才会引起危害。此外，人类新合成的一些化学试剂如卤代烃农药、多氯联苯等物质是自然界原先没有的，这些物质对于生物来说还没有形成抵抗机制，即使形成抵抗机制，外来化学物质的数量、种类如此之多，也会使自然消解作用超载。

（一）环境污染物及毒物

环境污染物是指进入环境后使环境的组成和性质发生直接或间接有害于人类的物质，主要来源于工业"三废"，农业生产使用的农药，生活污染物如处理不当的粪便、垃圾及污水等，核能工业、医用以及工农业用的放射源等排放的一定量的放射性污染物。毒物指能对有机体产生有害作用的化学物质。毒物的概念是相对的、有条件的。任何一种物质在一定的剂量和接触条件下对有机体都可能产生毒副作用。因此，毒物通常是指较小剂量就能引起功能性或器质性损害的化学物质。

(二) 毒物经历人体的途径

毒物主要经呼吸道和消化道侵入人体，也可经皮肤或其他途径侵入，如神经毒气、四氯化碳可通过皮肤侵入人体。空气中的气态毒物或悬浮颗粒物可经过呼吸道进入人体。肺部毛细血管丰富，人肺泡总面积可达 $90m^2$，毒物由肺部吸收的速度极快。环境毒物能否随空气进入肺泡与其颗粒粒径大小有关。能达到肺泡的颗粒物，其粒径一般不超过 $3\mu m$，而粒径大于 $10\mu m$ 的颗粒物大部分被黏附在呼吸道、气管和支气管黏膜上。水溶性较好的毒物，如氯气、二氧化硫，为上呼吸道黏膜所溶解而刺激上呼吸道，极少进入肺泡；而水溶性较差的气态毒物，如二氧化氮，则绝大部分能到达肺泡。水和土壤中的有毒物质主要通过饮用水和食物经消化道被人体吸收。整个消化道都有吸收作用，但小肠的吸收作用更为重要。

毒物经上述途径被吸收后，由血液运送到人体各组织，不同的毒物在人体各组织的分布情况不同。有机体可对毒物进行蓄积、代谢，此外还有一系列复杂的适应和耐受机制。如铅蓄积在骨骼内，DDT 蓄积在脂肪组织内。除很少一部分水溶性强、相对分子质量极小的毒物可以原形被排出人体外，绝大部分毒物都要经过某些酶的代谢，从而改变其毒性。肝脏、肾脏、胃肠等器官都有生物转化功能，其中肝脏最为重要。某些毒物经转化后毒性减轻，但也有惰性物质转化为活性物质而增加毒性的，如农药 1605（对硫磷）在体内氧化成 1600（对氧磷），毒性增大。

毒物的排泄途径主要是肾脏、消化道和呼吸道，少量随汗液、乳汁、唾液等各种分泌液排出，也有通过皮肤的新陈代谢过程到达毛发而离开机体的。能够通过胎盘进入胎儿血液的毒物会影响胎儿的发育，甚至导致先天性中毒及畸胎。

(三) 人体对环境毒物的反应

人类环境的任何变化都会不同程度地影响人体的正常生理功能，但人体具有调节自己生理功能来适应不断变化的环境的能力。如果环境的异常变化不超过一定的限度，人体是可以适应的；如果环境的异常变化超出了人体正常生理调节的限度，则可能引起人体某些功能和结构的异常变化，甚至造成病理性的变化。

疾病是机体在致病因素作用下功能及形态发生病理变化的一个过程，见表1-1。疾病的发生一般可分为潜伏期、前驱期、临床症状明显期和转归期。急性症状的前两期会很短，但慢性疾病的前两期相当长，应及早发现临床前期的变化。

表 1-1　　　　　　　　　　人体对毒物的反应

阶段	机体对毒物的反应	疾病的发生发展
1	机能失调的初期阶段	健康
2	生理适应阶段	无临床表现的潜伏期
3	有代偿机能的亚临床变化阶段	有轻微的一般不适的前驱期
4	丧失代偿机能的病态阶段	出现某疾病的典型症状的临床症状明显期
5	恢复健康或恶化死亡阶段	转归期

（四）影响环境污染物对人体作用的因素

影响环境污染物对人体作用的因素主要包括污染物的剂量、作用时间、多重因素的联合作用以及个体的敏感性等。

对于人体非必需的元素，其在人体内的剂量不能超过最高允许负荷量；对于人体必需的元素，则既不能超过最高允许负荷量，又不能低于最低供应量。此外，很多环境污染物有蓄积性，只有在体内蓄积达到中毒阈值时才会产生危害。污染物在体内的蓄积与摄入量、污染物的生物半衰期和作用时间三个因素有关。

环境污染因素通常不是单一的，当有多种污染因素联合对人体发生作用时，应考虑这些因素的综合影响。例如，两种或多种污染物共同作用，其毒性超过其单独作用时的毒性总和，则称为协同作用；如果其中一种污染物能使另一种污染物的作用受到抑制或趋向消失，则称为拮抗作用。从个体敏感性考虑，人的健康状况、生理状态、遗传因素等均可影响环境异常变化的反应强度和性质,而且不同的性别、年龄因素也不可忽视,如老人和儿童易受到环境污染的影响而导致疾病的发生。

二、环境污染对人体健康的危害

(一)大气污染的危害

清洁的空气是人类生存的一个环境要素。通常情况下,每人每日平均吸入 $10^{-12}\,\mathrm{m}^3$ 的空气,才能保证人体正常生理活动。但是随着工业及交通运输等事业的迅速发展,它们产生的许多有害物质排放到大气中,当其浓度超过环境自净能力时,空气的正常组成就会发生变化,自然环境的物理、化学和生态平衡体系受到破坏,从而人们的生产、生活和健康都会受到危害。这种大气污染对人体健康的危害可分为急性作用和慢性作用。急性危害事件主要表现为急性中毒。在气象条件突然改变或地理位置特殊条件下,大气中某些有害物质扩散受到抑制且浓度便会快速增加,引起人群急性中毒。慢性危害一般人们不会引起注意,加上鉴别困难,其危害途径往往是污染物与人体呼吸道黏膜接触,主要刺激眼睛、呼吸道黏膜,引起慢性支气管炎、哮喘、眼、鼻黏膜刺激及生理机能障碍而加重高血压、心脏病的病情。特别是CO吸入人体后,进入血液与血红蛋白结合,使人体处于缺氧症状,人群会患有贫血、失眠、心脏病等。大量事实说明大气污染是人体许多癌症的致病因素之一,特别是空气污染程度与居民肺癌死亡率呈一定正相关关系。最后,大气污染物可以使大气透明度减小,城市热岛强度加强,总云量增加,恶化居民生活环境,间接影响人体健康。

(二)水污染的危害

水是人类生存的重要自然资源。除供饮用外,更大量的是用于生活和工农业生产。但是由于人类的生产和生活活动,将大量工业废水、生活污水、农业回流水及其他未经处理的废弃物直接排入水体,当数量超过水体的自净能力,就会造成水体污染,直接或间接危害人体的健康。其主要表现在以下几个方面:

第一,农药对水体的污染有直接与间接两方面。但是就毒性而言,大多数农药的毒性较高，无毒低毒的农药很少，但是农药很易进入水体，人们通过饮水或食物链便可能造成中毒，还有构成全球性污染又极毒性的多氯联苯、多溴联苯及重金属等物质污染水体受后，人们饮用或通过食物链就会出现中毒现象。如东大沟两边的村庄饮用的是重金属超标的黄河水，村民牙齿脱落现象严重，过去是中老年人掉牙，现在发展到小孩也掉牙，就连羊吃了种的草牙都掉光了。

第二，水体被卤代烃等有机污染物污染后，这些污染物使细胞和染色体发生畸变，并诱发细胞转化。转化细胞异常接种会使小鼠形成肿瘤。这些研究结果表明人们长期饮用就可能诱发肝癌、骨癌、肾癌、直肠癌、乳腺癌等。

第三，有些污染物通常情况下，虽然不会对人体健构成危害，但可使水体发生异味、异臭等水质的异常变化，使水体的正常利用受到影响。在一定浓度下能抑制微生物的生长和繁殖的主要是重金属物质，从而影响水中有机物的分解和生物氧化，抑制水体的天然自净能力，水体的卫生状况严重受到影响。

（三）土壤污染对健康的危害

土壤污染被称作是"看不见的污染"，其他污染形式可通过外在形式向人们敲响警钟，而土壤污染往往容易被人们忽视，这种危害极大的污染就在这样的"温床"上趁机蔓延开来。重金属类和农药类化合物成为土壤的主要化学性污染物。重金属中的汞、砷、镉、铬、铅等进入土壤后可以被作物吸收积累，通过地面水和地下水或通过食物链间接危害人体健康。至于不合理地使用化肥农药，如多氯联苯、多环芳烃类的有机氯农药，由于化学性质稳定，不易被土壤微生物降解，所以在土壤中残留时间很长，被作物吸收后，再经过各种生物之间转移、浓集和积累，可使农药的残留直接危害人体健康或通过食物链使农作物或食品中残毒进入人体危及人体健康。

（四）噪声污染的危害

在工业生产中，噪声污染和大气污染、水污染等一样是当代主要的环境污染之一。但是噪声污染又不同于其他污染，它是一般情况下不致命而直接作用于人感官的一种物理污染。由于在人们生产和生活的每个环节或者说每个角落都会有噪声出现，且能直接感觉到它的干扰，而物质污染只有产生后果才受到人们注意，这就是为什么环境污染常常受到人们抱怨和控告的原因。噪声污染轻者会让人产生烦恼、讨厌等情绪变化，干扰人们的休息和睡眠，同时会使人精神不集中，影响工作。重者就会导致噪声性耳聋。而且在强噪声环境下，危险警报信号容易被掩盖，人的注意力容易被分散，工作事故就会发生。

（五）室内空气污染的危害

室内空气质量与人体健康的关系十分密切。在现代社会中，一般情况下，人们大约90%的时间是在室内度过，这个比例在城市里高达80%～90%。因此，对于很多人来说，因接触空气污染带来的健康危险可能更取决于室内而非室外。由于近年来经济的迅速发展和生活水平的提高，很多人大多数时间都是在装修豪华且配有机械取暖、制冷和通风的家里或办公室。这些地方都存在许多室内空气污染源，如建材及各种各样的室内陈设品，汉石棉的绝缘体、湿的或干的地毯，用各种压缩的橱子及各种家具，家用清洁、维护、个人保养及爱好的用品，还有煤气、电器等。这些污染源对人体健康危害可能在接触污染不久或几年后发生。如对眼睛、鼻子、喉咙的刺激，头疼、头晕以及疲劳等。这些危害通常发生时间短，可以治疗。一些典型的疾病（哮喘、超敏性肺炎、湿烧）也可能在接触室内空气污染源之后不久发生。另外，还有一些危害会在接触污染物后几年发生，这些危害有呼吸道疾病、心脏疾病、癌症等是经过长期接触或频繁接触发生的。

总之，环境问题归根结底是环境保护和经济发展之间的矛盾问题，区域环境的保护和改善是项艰巨和长期的任务。但环境污染真正直接或间接地危害着每个人的健康，为了人类的持久生存和发展，我们呼吁全社会至全世界都来关心环境保护，减少环境污染，本着人类社会和自然环境和谐发展的目标，最大限度地做到经济、社会和环境三者协调发展，为我们创建一个健康美好的生活环境。

第三节　环境监测

一、环境监测概述

（一）环境监测的内容

环境监测是指对影响人类和生物生存发展的环境质量状况进行监视性测定的活动。"监测"一词可理解为监视、测定、监控等。影响环境质量的因素很多，有各种化学物质造成的环境污染，也有物理因素如噪声、光、热及振动等造成的环境污染。描述这些化学及物理因素的定量数据称为代表值或指标。环境监测是对这些指标进行测定，并以科学的手段对其做出评价。因此，环境监测是为了特定目的，按照预先设计的时间和空间，用可以比较的环境信息和资料收集的方法，对一种或多种环境要素或指标进行间断或连续的观察和测定，分析其变化以及对环境的影响。环境监测是在环境分析的基础上发展起来的，是环境质量管理的基础，也是制定环境保护法规的重要依据。环境监测对环境科学研究和保护环境都是十分重要的。

环境监测包含的内容主要有以下三个方面：

1. 物理指标的测定

物理指标的测定包括噪声、振动、电磁波、放射性水平等的监测。例如，声压级是代表环境噪声的一个指标，它的单位是分贝，通过一定的仪器和方法可以对该指标进行监测，从而明确周围的环境中是否有噪声污染。

2. 化学指标的测定

化学指标的测定包括对各种化学物质在空气、水体、土壤和生物体内水平的监测。通过对代表空气质量的指标如二氧化硫、氮氧化物和一氧化碳等物质在大气环境中浓度的测定，可以了解这些对人体有害的化学物质在我们所呼吸的空气中的含量。

3. 生态监测

生态监测即运用物理、化学或生物等方法对生态系统或生态系统中的生物因子、非生物因子状况及其变化趋势进行的测定、观察。它的任务是利用各种技术方法测定和分析生态系统各层次对自然或人为作用的反映或反馈效应，并通过综合表征来判断和评价这些干扰对生态系统产生的影响、危害及其变化规律，为环境质量评估、调控和环境管理提供科学依据。具体包括环境污染的生态监测、生态破坏的生态监测以及生物多样性监测。

生态监测应根据监测因子的生态学特点和干扰活动的特点确定监测位置和频次，有代表性地布点。生态监测方法与技术要求须符合国家现行的有关生态监测规范和监测标准分析方法。对于生态系统生产力的调查，必要时需现场采样、实验室测定。当涉及区域范围较大或主导生态因子的空间等级尺度较大，通过人力踏勘较为困难或难以完成评价时，可采用遥感调查法。

（二）环境监测的目的及作用

1. 环境监测的目的

环境监测是为控制污染、保护环境服务的。环境监测的目的是准确、及时、全面地反映环境质量现状及发展趋势，为环境管理、污染源控制、环境规划等提供科学依据。具体可归纳为：

①检验和判断环境质量是否合乎国家规定的环境质量标准。

②判断污染源造成的污染影响。确定污染物在空间的分布模型、污染最严重的区域，以及防治的对策，并评价防治措施的效果，为实现监督管理提供依据。

③研究污染物扩散模式。一方面用于新污染源的环境影响评价，为决策部门提供依据；另一方面为环境污染的预测预报提供资料数据。

④为制定环境质量标准提供依据。积累环境本底的长期监测数据，结合流行病调查资料，为保护人类健康、合理使用自然资源，以及制定环境法规、标准、规划等服务。

2. 环境监测的作用

环境监测是环境科学研究的开端，是保护人类环境必不可少的环节。在环境保护各项工作中，要依靠环境监测来掌握污染状况、评价环境质量、检验治理效果、制定各项环保措施。可以说，环境监测在一定程度上制约或者促进环境科学研究的发展。因此，正如环境科学一样，环境监测不仅对于人类生存和社会文明具有重要意义，而且能有效地控制污染，减少物质和能量的流失，同时也会给社会带来经济效益。

（三）环境监测的分类

环境监测可按其专业部门进行分类，如气象监测、卫生监测和资源监测等；还可按监测介质对象分类，如水质监测、空气监测、放射性监测等。通常环境监测根据监测目的或性质分为三大类：监视性监测、特定目的监测和研究性监测。

1. 监视性监测

监视性监测指常规监测或例行监测，是监测工作的主体，主要是对各环境要素的污染状况及污染物的变化趋势进行监测，评价控制措施的效果，判断环境标准实施的情况和改善环境取得的进展，建立各种监测网络，积累监测数据，据此确定一定区域内环境污染状况及其发展。这类监测包括如下两个方面：

（1）环境质量监测

①大气环境质量监测：主要在城市和县级城镇展开。它的任务是对大气环境中主要污染物质进行定期或连续地监测，积累大气环境质量的基础数据，据此定期编报大气环境质量状况评价报告，研究大气质量的变化规律及发展趋势，为大气污染预测预报创造条件。

②水环境质量监测：对进入江河、湖泊、运河、渠道、水库等地表水体及其底泥、水生物中的污染物进行定期定位地常年监测，适时地对地表水质量状况及其发展趋势作出评价，为开展水环境管理工作提供可靠的数据和资料。

③环境噪声监测：对城镇各功能区噪声、道路交通噪声、区域环境噪声进行经常性监测，及时、准确地掌握城镇噪声现状，分析其变化趋势和规律，为城镇噪声的管理和治理提供系统的监测资料。

④土壤及生态环境监测：自然生态系统土壤长期定位监测主要包括森林生态系统、草原生态系统、湿地生态系统和荒漠生态系统监测。

(2) 污染源监测

这类监测旨在掌握污染源排向环境的污染物种类、数量、浓度，分析和判断污染物在时间、空间上的分布、迁移、转化和稀释、自净规律，掌握污染物造成的污染影响和污染水平，确定控制和防治措施，为环境管理提供技术服务和技术支持。

污染源监测包括生产、生活设施排放的各种废水监测，生产工艺废气、机动车尾气监测，各种锅炉、窑炉排放的烟气、粉尘监测，噪声、热、电磁波、放射性污染监测等。

2. 特定目的监测

特定目的监测又叫事故性监测、应急监测和特例监测，是一项重要的环境监测工作。这类监测的内容和形式很多，除一般的地面固定监测外，还有流动监测、低空航测、卫星遥感遥测等。特定目的监测主要包括以下内容：

(1) 污染事故监测

对各种事故性污染进行现场和追踪监测，以确定其污染程度和范围。如油船石油溢出事故造成的海洋污染范围，油田井喷事故造成的环境污染，核电站发生事故时放射性物质危害的空间，化工厂毒气泄漏事故造成的有害影响等。

(2) 仲裁监测

仲裁监测主要是为解决执行环境法规过程中发生的矛盾或纠纷而进行的监测。如排污收费仲裁监测，调查处理污染事故纠纷时向司法部门提供的仲裁监测等。

(3) 考核验证监测及咨询服务监测

如对企业进行环保指标的考核监测，建设项目竣工验收监测等，以及为社会各部门、单位提供科研、生产、技术咨询等所进行的监测。

(4) 可再生资源监测

如对土壤退化的趋势、热带雨林的变化、草地沙漠化等进行的监测。

3. 研究性监测

研究性监测又叫科研监测，属于高层次、高水平、技术比较复杂的一种监测工作，通过监测找出污染物在环境中的迁移、转化规律。当收集到的材料数据表明存在环境问题时，还必须确定污染物对人体、生物体等各种受体的危害程度。

这类监测系统比较复杂，需要有一定技术专长的人员参加操作，并对监测结果作系统周密的分析，因此必须由多学科的技术人员密切配合、相互协作才能完成。

（四）环境监测项目确定的原则

盲目地对每一种可能的污染物以及每一个环境小生物都进行监测，对于环境监测和解决环境问题是一种浪费和不明智的做法。环境监测受人力、经济、技术及设备等多方面条件的限制，不可能对所有因子都进行监测。在选择监测对象时一般应从以下两个方面来考虑：

1. 经济、有效原则

①在实地调查的基础上，针对污染物的特征、性质，选择那些毒性大、危害严重、影响范围广的污染物。对于潜在危害大的污染物也不可忽视。

②对于确定监测的污染物，必须有可靠的测试手段和有效的分析方法才能获得有意义的结果。

③对监测的数据能够做出正确的解释和判断。要对人体健康及生物系统的影响做出合理的评价，防止监测中的盲目性。

2. 优先监测原则

考虑到污染物本身的重要性和迫切性，优先监测的污染物主要包括以下三种：

①毒性大、危害严重、影响范围广的污染物。如造成局部严重污染的污染物与大规模世界性污染物相比，后者具有优先监测的必要。$PM_{2.5}$，PM_{10}，SO_2，NO_x，O_3，CO 等污染物对人类健康影响颇大，在环境监测中应优先考虑。

②具有潜在危险，并且污染趋势有可能上升的污染物。

③具有广泛代表性的污染因子。如用加拿大杨树测定大范围的氟污染，用河中底泥测定水体中重金属含量等，这些都比经常作污染物个别样品分析要经济、有效。

(五) 环境监测的质量保证

环境监测对象成分复杂，时间、空间量级上分布广泛且多变，不易准确测量。大规模的环境调查常需在同一时间内由多个实验室同时参加、同时测定，这就要求各个实验室从采样到监测结果所提供的数据有规定的准确性和可比性。监测数据的准确性决定了环境管理、环境研究、环境治理以及环保执法等各方面的决策正确与否。环境监测结果将由环境监测过程中各个环节的质量予以保证，为了获得准确一致的数据，必须做到以下三个方面：

1. 制订合理可行的监测计划

根据监测目的和国家统一的标准分析方法，确定对监测数据的质量要求和相应的分析测量系统。

2. 对实验室及监测人员的基本要求

①实验室的基本要求：清洁、安静的环境；水、电、安全设施齐备；监测所必需的基本仪器设备、化学试剂、标准物质齐全，并按规定进行定期校准、维护，保证仪器设备正常运转。

②监测人员的基本要求：经过环境监测培训合格，具有严谨、求实的科学作风和良好的职业道德。

3. 实施质量控制

①采样的质量控制。获取具有代表性的样品来进行测试是环境监测成功与否的前提，因此采样是一个关键环节。在采样时要做到：审查采样点的设置和采样时段的选择是否合理；校准采样器、流速和定时器；检查吸附剂；检查采样器放置的位置和高度是否符合采样要求，能否避开污染源的影响；检查采样管和滤膜的安装是否正确。

②样品运输和储存中的质量保证。在运输过程中采样管不可倾倒，以防吸收剂溢流；滤膜应完整地封存在洁净袋内，取放时用不锈钢镊子以防污染；在运往实验室的途中，样品应储存在低于22℃的环境中；暂不分析的样品应保存在冰箱内。

③实验室的质量控制。实验室质量控制是测定系统中的重要部分，它分为实验室内部的质量控制和实验室间的质量控制，目的是保证测量结果有一

定的精密度和准确度。为此,需定期用质量控制图来控制分析质量,并用测定标准样品或统一样品、测定加标样品、测定空白平行等方法加以确证。

④报告数据的质量控制。报告的数据必须是有效的数据。数据报告前,应对采样、分析测试、分析结果的计算等环节的数据进行逐一核实,确认无误后上报。测定中出现的极值在没有充分理由说明错误所在的情况时不能随意舍去,但在报告时要加以说明。下述情况的数据必须去除:由于采样人员或分析测试人员的差错,以及样品损伤或破坏等原因造成的错误数据和超出分析方法灵敏度以外的数据。

二、水环境质量监测

(一) 水质监测项目

不同水域类型的监测项目有所差异。一般水域执行的环境标准中所涉及的项目为必测项目。对于湖泊和水库,由于可能受到营养盐的污染而引起富营养氧化,因此应增加 T-P、T-N、叶绿素-a 和藻类优势种等水生生物指标(初级生产力);而对于排污沟渠,则应按污染源处理,根据纳污情况和污染物排放标准确定。同时还应对水体水文情况进行同步监测,包括河道断面、河水流速、流量和水位等。

(二) 监测断面的设置原则

水样的采集是水质分析的重要环节,其采样原则是水样能代表所分析的水的成分,因此要对采样断面和采样点进行合理布设,尽可能真实、全面地反映水体水质及污染物的空间分布和变化规律。

在断面布设前应先进行调查研究:了解监测河段内生产、生活取水口的位置、取水量,废水排放口的位置及污染物排放情况,河流的水文、河床、水工建筑、支流汇入等情况。在对调查研究结果和有关资料进行综合分析的基础上,根据监测目的和监测项目,并考察人力、物力等因素确定监测断面和采样点。在水域的下列位置应设置监测断面:

(1) 有大量废水排入河流的主要居民区、工业区的上游和下游。

(2) 湖泊、水库、河口的主要入口和出口。

（3）饮用水源区、水资源集中的水域、主要风景游览区、水上娱乐区及重大水利设施所在地等功能区。

（4）较大支流汇入口上游和汇合后与干流充分混合处，入海河流的河口处，受潮汐影响的河段和严重水土流失区。

（5）国际河流出入国境线的出入口。

（6）尽可能与水文测量断面重合，并要求交通方便，有明显岸边标志。

三、城市环境噪声监测

城市声环境常规监测也称例行监测，是指为掌握城市声环境质量状况，环境保护部门所开展的区域声环境监测、道路交通声环境监测和功能区声环境监测（分别简称区域监测、道路交通监测和功能区监测）。

（一）区域声环境监测

区域监测的目的是评价整个城市环境噪声总体水平，分析城市声环境状况的年度变化规律和变化趋势。

将整个城市建成区划分成多个等大的正方形网格（如1000m×1000m），对于未连成片的建成区，正方形网格可以不衔接。网格中水面面积或无法监测的区域（如禁区）面积为100%及非建成区面积大于50%的网格为无效网格。整个城市建成区有效网格总数应多于100个。在每个网格的中心布设1个监测点位。若网格中心点不宜测量（如水面、禁区、马路行车道等），应将监测点位移动到距离中心点最近的可测量位置进行测量。监测点位高度距地面1.2～4.0m。

（二）道路交通声环境监测

道路交通监测的目的是反映道路交通噪声源的噪声强度，分析道路交通噪声声级与车流量、路况等的关系及变化规律，分析城市道路交通噪声的年度变化规律和变化趋势。

道路交通监测的点位设置原则如下：

（1）能反映城市建成区内各类道路（城市快速路、城市主干路、城市次干路、含轨道交通走廊的道路及穿过城市的高速公路等）交通噪声排放特征。

（2）能反映不同道路特点（考虑车辆类型、车流量、车辆速度、路面结构、道路宽度、敏感建筑物分布等）交通噪声排放特征。

（3）道路交通噪声监测点位数量：巨大、特大城市≥100个，大城市≥80个，中等城市≥50个，小城市≥20个。一个测点可代表一条或多条相近的道路。根据各类道路的路长比例分配点位数量。测点选在路段两路口之间，距任一路口的距离大于50m，路段不足100m的选路段中点；测点位于人行道上距路面（含慢车道）20cm处，监测点位高度距地面为1.2~6.0m。测点应避开非道路交通源的干扰，传声器指向被测声源。

（三）功能区声环境监测

功能区监测的目的是评价声环境功能区监测点位的昼间和夜间达标情况，反映城市各类功能区监测点位的声环境质量随时间的变化状况。

功能区监测采用定点监测法。各类功能区粗选出其等效声级与该功能区平均等效声级无显著差异并能反映该类功能区声环境质量特征的测点若干个，再根据如下原则确定本功能区定点监测点位：

（1）能满足监测仪器测试条件，安全可靠。

（2）监测点位能保持长期稳定。

（3）能避开反射面和附近的固定噪声源。

（4）监测点位应兼顾行政区划分。

（5）4类声环境功能区选择有噪声敏感建筑物的区域。

（6）功能区监测点位数量：巨大、特大城市≥20个，大城市≥15个，中等城市≥10个，小城市≥7个。各类功能区监测点位数量比例按照各自城市功能区面积比例确定。监测点位距地面高度1.2m以上。

四、土壤生态环境观测

（一）观测原则

1. 科学性原则

观测样地和观测对象应具有代表性，能反映观测区域维管植物（简称植物）或动物多样性的整体状况。观测方法应统一、标准化。

2. 可操作性原则

观测方案应考虑观测区域的自然条件，所拥有的人力、财力和后勤保障等条件，充分利用现有设备、技术力量、资料和成果，使观测方案高效、可行。

3. 持续性原则

观测工作应满足生物多样性保护和管理的需要，对生物多样性保护和管理起到指导及预警作用。观测对象、方法、时间和频次一经确定，应长期保持不变。

4. 保护性原则

观测方案、技术和活动坚持保护性原则，不应对生物个体、群落组成和结构及生境造成影响或改变。

5. 安全性原则

观测活动具有一定的野外工作特点，观测者应接受相关专业培训，采取安全防护措施。

（二）样地观测方法

1. 生境概况观测

需要对样地所处地理位置、地形地貌、气候条件、土壤状况、植被状况、人类活动状况等进行定性或定量描述。用GPS定位仪确定观测样地的经纬度。对于森林，测定观测样地中心点的经纬度；对于灌丛和草地，测定每个观测样方中心点的经纬度。

2. 森林观测

样地大小应能够反映集合群落的组成和结构。森林观测样地的面积以≥1公顷（100m×100m）为宜；灌丛观测样地一般不少于5个10m×10m的样方，对大型或稀疏灌丛，样方面积扩大到20m×20m或更大；草地观测样地一般不少于5个1m×1m样方，样方之间的间隔不小于250m，若观测区域草地群落分布呈斑块状、较为稀疏或草本植物高大，应将样方扩大至2m×2m。样地面积均指"垂直投影面积"。

3. 动物观测

每个样地内随机或均匀设置 5 个具有代表性的样方，每样方面积为 $25m^2$（$5m \times 5m$），样方间的距离通常超过 $100m$。对于中型土壤动物，在每样方中设 4 个 $20cm \times 20cm$ 均匀分布的样点；对于大型土壤动物，在样方中设 2 个 $30cm \times 30cm$ 均匀分布的样点。

（三）观测内容和指标

乔木的观测内容和指标包括：植物种类、种群大小、种群动态、胸径、枝下高、冠幅、分枝、物候期、生长状态、群落的物种多样性、人为干扰活动的类型和强度等。

灌木（丛）的观测内容和指标包括：植物种类、种群大小、种群动态、胸径/冠幅、盖度、物候期、生长状态群落物种多样性、人为干扰活动的类型和强度等。

草本植物的观测内容和指标包括：植物种类、多度（丛）、平均高度、盖度、物候期、群落物种多样性、人为干扰活动的类型和强度等。

土壤动物的观测内容和指标见表 1-2。

表 1-2　　　　　　　土壤动物观测内容和指标

观测内容	观测指标	观测方法
生境特征	生境类型、土壤、地貌、水文、海拔等基础资料，生境质量现状、破碎化程度、人为干扰的形式和强度等生境退化状况	资料查阅、野外调查或直接测量法
土壤动物特征	种类组成	样方法
	频度	样方法
	密度	样方法
	生物量	干重法

（四）观测时间和频次

可在植物生长旺盛期进行植物观测，一般为夏季。对于森林群落，胸径大于或等于 $1cm$ 的乔木、灌木每 5 年观测 1 次，胸径小于 $1cm$ 的乔木、灌木每年 1 次或 2 次；灌丛群落灌木植物每 3 年观测 1 次；草本植物每年观测

1次。观测时间一经确定，应保持长期不变，以利于对比年际间数据。

观测时间为土壤动物生长旺盛期，南方（中亚热带及其以南地区）为春季4～5月份和秋季10～11月份，北方（暖温带及其以北地区）为夏季6～8月份。动物观测频次为每年1～2次，南方春季1次或春、秋两季各1次，北方夏季1次。可因观测目的及科学研究的需要，在原有观测频率的基础上增加观测频次。

第二章 大气和废气监测

第一节 大气和废气监测基础

一、大气和废气监测方案制订

制订空气污染监测方案的程序同制订水和废水监测方案一样，首先要根据监测目的进行调查研究，收集相关的资料，然后经过综合分析，确定监测项目，布设监测点，选定采样频率、采样方法和监测方法，建立质量保证程序和措施，提出进度、安排计划和对监测结果报告的要求等。

（一）监测目的

首先，通过对环境空气中主要污染物进行定期或连续的监测，判断空气质量是否符合《环境空气质量标准》或环境规划目标的要求，为空气质量状况评价提供依据。

其次，为研究空气质量的变化规律和发展趋势，开展空气污染的预测预报，以及研究污染物迁移转化情况提供基础资料。

最后，为政府环境保护部门执行环境保护法规、开展空气质量管理及修订空气质量标准提供依据和基础资料。

（二）调研及资料收集

1. 污染源分布及排放情况

通过调查，将监测区域内的污染源类型、数量、位置、排放的主要污染物及排放量调查清楚，同时还应了解所用原料、燃料及其消耗量。注意将由高烟囱排放的较大污染源与由低烟囱排放的小污染源区别开来。因为小污染源的排放高度低,对周围地区地面空气中污染物浓度影响比高烟囱排放源大。另外,对于交通运输污染较重和有石油化工企业的地区,应区别一次污染物和由光化学反应产生的二次污染物。因为二次污染物是在空气中形成的,其高浓度处可能离污染源的位置较远,在布设监测点时应加以考虑。

2. 气象资料

污染物在空气中的扩散、迁移和一系列的物理、化学变化在很大程度上取决于当时当地的气象条件。因此,要收集监测区域的风向、风速、气温、气压、降水量、日照时间、相对湿度、温度垂直梯度和逆温层底部高度等资料。

3. 地形资料

地形对当地的风向、风速和大气稳定度等有影响,因此,它是设置监测网点应当考虑的重要因素。例如,工业区建在河谷地区时,出现逆温层的可能性大;位于丘陵地区的城市,市区内空气污染物的浓度梯度会相当大;位于海边的城市会受海、陆风的影响,而位于山区的城市会受山谷风的影响等。为掌握污染物的实际分布状况,监测区域的地形越复杂,要求布设的监测点越多。

4. 土地利用和功能区划情况

监测区域内土地利用及功能区划情况也是设置监测网点应考虑的重要因素之一。不同功能区的污染状况是不同的,如工业区、商业区、混合区、居民区等。还可以按照建筑物的密度、有无绿化地带等做进一步分类。

5. 人口分布及人群健康情况

环境保护的目的是维护自然环境的生态平衡,保护人群的健康,因此,掌握监测区域的人口分布,居民和动植物受空气污染的危害情况及流行性疾病等资料,对制订监测方案、分析判断监测结果是有益的。

此外,对于监测区域以往的监测资料等也应尽量收集,供制订监测方案参考。

(三)监测项目

空气中的污染物种类繁多,应根据《环境空气质量标准》规定的污染物项目来确定监测项目。对于国家空气质量监测网的监测点，须开展必测项目的监测；对于国家空气质量监测网的背景点及区域环境空气质量监测网的对照点，还应开展部分或全部选测项目的监测。地方空气质量监测网的监测点，可根据各地环境管理工作的实际需要及具体情况，参照本条规定确定其必测项目和选测项目。

（四）监测站（点）和采样点的布设

监测区域内的监测站（点）总数确定后，可采用经验法、统计法、模拟法等进行监测站（点）布设。

经验法是常采用的方法，特别是对尚未建立监测网或监测数据积累少的地区，需要凭借经验确定监测站（点）的位置。其具体方法有：

1. 功能区布点法

功能区布点法多用于区域性常规监测。先将监测区域划分为工业区、商业区、居民区、工业和居民混合区、交通稠密区、清洁区等，再根据具体污染情况和人力、物力条件，在各功能区设置一定数量的采样点。各功能区的采样点数量不要求平均，在污染源集中的工业区和人口较密集的居民区多设采样点。

2. 网格布点法

这种布点法是将监测区域划分成若干个均匀网状方格，采样点设在两条直线的交点处或网格中心。网格大小根据污染源强度、人口分布及人力、物力条件等确定。若主导风向明显，下风向设采样点应多一些，一般约占采样点总数的60%。对于有多个污染源，且污染源分布较均匀的地区，常采用这种布点方法。它能较好地反映污染物的空间分布；如将网格划分得足够小，则可将监测结果绘制成污染物浓度空间分布图，对指导城市环境规划和管理具有重要意义。

（五）采样频率和采样时间

采样频率系指在一个时段内的采样次数，采样时间指每次采样从开始到结束所经历的时间。二者要根据监测目的、污染物分布特征、分析方法灵敏度等因素确定。例如，为监测空气质量的长期变化趋势，连续或间歇自动采样测定为最佳方式；突发性环境污染事故等的应急监测要求快速测定，采样时间尽量短；对于一级环境影响评价项目，要求不得少于夏季和冬季两期监测，每期应取得有代表性的7d监测数据，每天采样监测不少于6次（2：00、7：00、10：00、14：00、16：00、19：00）。

（六）采样方法、监测方法和质量保证

采集空气样品的方法和仪器要根据空气中污染物的存在状态、浓度、物理化学性质及所用监测方法选择，在各种污染物的监测方法中都规定了相应的采样方法。

和水质监测一样，为获得准确和具有可比性的监测结果，应采用规范化的监测方法。目前，监测空气污染物应用最多的方法还是分光光度法和气相色谱法，其次是荧光光谱法、液相色谱法、原子吸收光谱法等。但是，随着分析技术的发展，对一些含量低、难分离、危害大的有机污染物，越来越多地采用仪器联用方法进行测定，如气相色谱－质谱（GC－MS）、液相色谱－质谱（LC－MS）、气相色谱－傅里叶变换红外光谱（GC－FTIR）等联用技术。

二、大气样品和废气样品的采集方法与采样仪器

（一）大气样品和废气样品的采集方法

气体采样方法的选择与污染物在气体中存在的状态密切相关。气体中的污染物从形态上分为气态和颗粒态两种。推荐的采样方法有24h连续采样、间断采样和无动力采样。以气态或气溶胶态两种形态存在的半挥发性有机物（SVOCs）通常进行主动采样。

1. 24h连续采样

24h连续采样指24h连续采集一个空气样品，监测污染物日平均浓度的采样方式，适用于环境空气中的SO_2、NO_2、PM_{10}、$PM_{2.5}$、TSP、苯并［a］芘、氟化物和铅等采样。

（1）气态污染物连续采样

气态污染物连续采样设备一般需要设立采样亭，便于安放采样系统各组

件。采样亭的面积及其空间大小应视合理安放采样装置、便于采样操作而定。一般面积应不小于 $5m^2$，采样亭墙体应具有良好的保温和防火性能，室内温度应维持在（25±5）℃。

气态污染物采样系统由采样头、采样总管、采样支管、引风机、气体样品吸收装置及采样器等组成。采样总管和采样支管应定期清洗，周期视当地空气湿度、污染状况确定。采样前进行气密性、采样流量、温度控制系统及时间控制系统检查。

气密性检查：按下图连接采样系统各装置，确认采样系统连接正确后，进行采样系统的气密性检查。

采样流量检查：用经过检定合格的流量计校验采样系统的采样流量，每月至少 1 次，每月流量误差应小于 5％，若误差超过此值，应清洗限流孔或更换新的限流孔。限流孔清洗或更换后，应对其进行流量校准。

温度控制系统及时间控制系统检查：检查吸收瓶温控槽及临界限流孔，温控槽的温度指示是否符合要求；检查计时器的计时误差是否超出误差范围。

主要采样过程：将装有吸收液的吸收瓶（内装 50mL 吸收液）连接到采样系统中。启动采样器，进行采样。记录采样流量、开始采样时间、温度和压力等参数。

采样结束后，取下样品，并将吸收瓶进、出口密封，记录采样结束时间、采样流量、温度和压力等参数。

（2）颗粒物连续采样

颗粒物监测的采样系统由颗粒物切割器、滤膜、滤膜夹和颗粒物采样器组成，或者由滤膜、滤膜夹和具有符合切割特性要求的采样器组成。采样前采样器要进行流量校准。

采样过程为：打开采样头顶盖，取出滤膜夹，用清洁干布擦掉采样头内滤膜夹及滤膜支持网表面上的灰尘，将采样滤膜毛面向上，平放在滤膜支持网上。同时核查滤膜编号，放上滤膜夹，拧紧螺丝，以不漏气为宜，安好采样头顶盖，启动采样器进行采样。记录采样流量、开始采样时间、温度和压力等参数。

采样结束后，取下滤膜夹，用镊子轻轻夹住滤膜边缘，取下样品滤膜，并检查在采样过程中滤膜是否有破裂现象，或滤膜上灰尘的边缘轮廓不清晰的现象。若有，则该样品膜作废，需重新采样。确认无破裂后，将滤膜的采样面向里对折两次放入与样品膜编号相同的滤膜袋（盒）中。记录采样结束时间、采样流量、温度和压力等参数。

2. 间断采样

间断采样是指在某一时段或一小时内采集一个环境空气样品，监测该时段或该小时环境空气中污染物的平均浓度所采用的采样方法。

气态污染物间断采样系统由气样捕集装置、滤水井和气体采样器组成。

根据环境空气中气态污染物的理化特性及其监测分析方法的检测限，可采用相应的气样捕集装置，通常采用的气样捕集装置包括装有吸收液的多孔玻璃筛板吸收瓶（管）、气泡式吸收瓶（管）、冲击式吸收瓶、装有吸附剂的采样支管、聚乙烯或铝箔袋、采气瓶、低温冷缩管及注射器等。当多孔玻板吸收瓶装有 10mL 吸收液，采样流量为 0.5L/min 时，阻力应为（4.7±0.7）kPa，且采样时多孔玻板上的气泡应分布均匀。

采样前应根据所监测项目及采样时间，准备待用的气样捕集装置或采样器。按要求连接采样系统，并检查连接是否正确。检查采样系统是否有漏气现象，若有，应及时排除或更换新的装置。启动抽气泵，将采样器流量计的指示流量调节至所需采样流量。用经检定合格的标准流量计对采样器流量计进行校准。

采样程序为：将气样捕集装置串联到采样系统中，核对样品编号，并将采样流量调至所需的采样流量，开始采样。记录采样流量、开始采样时间、气样温度、压力等参数。气样温度和压力可分别用温度计和气压表进行同步现场测量。

采样结束后，取下样品，将气体捕集装置进、出气口密封，记录采样流量、采样结束时刻、气样温度、压力等参数。按相应项目的标准监测分析方法要求运送和保存待测样品。

颗粒物的间断采样与其连续采样的方法基本一致。

3. 无动力采样

无动力采样是指将采样装置或气样捕集介质暴露于环境空气中，不需要抽气动力，依靠环境空气中待测污染物分子的自然扩散、迁移、沉降等作用而直接采集污染物的采样方式。其监测结果可代表一段时间内待测环境空气污染物的时间加权平均浓度或浓度变化趋势。

污染物无动力采样时间及采样频次，应根据监测点位环境空气中污染物的浓度水平、分析方法的检出限及不同监测目的确定。通常，硫酸盐化速率及氟化物采样时间为7~30d。但要获得月平均浓度值，样品的采样时间应不少于15d。具体采样过程可参见具体污染物的采样分析方法标准。

(二) 大气样品和废气样品的采样仪器

将收集器、流量计、采样动力及气样预处理、流量调节、自动定时控制等部件组装在一起，就构成了专用采样器。有多种型号的商品空气采样器出售，按其用途可分为空气采样器、颗粒物采样器和个体采样器。

1. 空气采样器

用于采集空气中气态和蒸气态物质，采样流量为0.5~2.0L/min，一般可用交流、直流两种电源供电。

2. 颗粒物采样器

颗粒物采样器有总悬浮颗粒物采样器和可吸入颗粒物采样器。

(1) 总悬浮颗粒物采样器

这种采样器按其采气流量大小分为大流量、中流量和小流量三种类型。

大流量采样器由滤料采样夹、抽气风机、流量控制器、流量记录仪、工作计时器及其程序控制器、壳体等组成。滤料采样夹可安装20cm×25cm的玻璃纤维滤膜，以1.1~1.7m^3/min流量采样8~24h。当采气量达1500~2000m^{3}时，样品滤膜可用于测定颗粒物中的金属、无机盐及有机污染物等组分。

中流量采样器由采样夹、流量计、采样管及采样泵等组成。这种采样器的工作原理与大流量采样器相似，只是采样夹面积和采样流量比大流量采样器小。我国规定采样夹有效直径为80mm或100mm。当用有效直径80mm滤膜采样时,采气流量控制在$7.2\sim9.6m^3/h$;当用有效直径100mm滤膜采样时,采气流量控制在$11.3\sim15m^3/h$。

(2) 可吸入颗粒物采样器

采集可吸入颗粒物（PM_{10}）广泛使用大流量采样器。在连续自动监测仪器中,可采用静电捕集法、β射线吸收法或光散射法直接测定PM_{10}浓度。但不论哪种采样器都装有分离粒径大于$10\mu m$颗粒物的装置（称为分尘器或切割器）,分尘器有旋风式、向心式、撞击式等多种。它们又分为二级式和多级式。前者用于采集粒径$10\mu m$以下的颗粒物,后者可分级采集不同粒径的颗粒物,用于测定颗粒物的粒度分布。

二级旋风式分尘器在工作时,高速空气沿180°渐开线进入分尘器的圆筒体,形成旋转气流,在惯性离心力的作用下,将颗粒物甩到筒壁上并继续向下运动,粗颗粒物在不断与筒壁碰撞中失去前进的能量而落入大颗粒物收集器内,细颗粒物随气流沿气体排出管上升,被过滤器的滤膜捕集,从而将粗、细颗粒物分开。

向心式分尘器原理为：当气流从气流喷孔高速喷出时,因所携带的颗粒物质量大小不同,惯性也不同,颗粒物质量越大,惯性越大。不同粒径的颗粒物各有一定的运动轨迹,其中,质量较大的颗粒物运动轨迹接近中心轴线,最后进入锥形收集器被底部的滤膜收集；质量较小的颗粒物惯性小,离中心轴线较远,偏离锥形收集器入口,随气流进入下一级。第二级的气流喷孔直径和锥形收集器的入口孔径变小,二者之间距离缩短,使小一些的颗粒物被收集。第三级的气流喷孔直径和锥形收集器的入口孔径又比第二级小,其间距离更短,所收集的颗粒物更细。如此经过多级分离,剩下的极细颗粒物到达最底部,被夹持的滤膜收集。

撞击式分尘器的工作原理为：当含颗粒物的气体以一定速度由喷孔喷出后,颗粒物获得一定的动能并且有一定的惯性。在同一喷射速度下,粒径（质量）越大,惯性越大,因此,气流从第一级喷孔喷出后,惯性大的大颗粒物难以改变运动方向,与第一级捕集板碰撞被沉积下来,而惯性较小的小颗粒物则随气流绕过第一级捕集板进入第二级喷孔。因第二级喷孔较第一级小，故喷出颗粒物动能增加，速度增大，其中惯性较大的颗粒物与第二级捕集板碰撞而沉积，而惯性较小的颗粒物继续向下一级运动。如此一级一级地进行下去，则气流中的颗粒物由大到小地被分开，沉积在各级捕集板上，最末一级捕集板用玻璃纤维滤膜代替，捕集更小的颗粒物。以此制成的采样器可以设计为三级到六级，也有八级的，称为多级撞击式采样器。单喷孔多级撞击式采样器采样面积有限，不宜长时间连续采样，否则会因捕集板上堆积颗粒物过多而造成损失。多喷孔多级撞击式采样器捕集面积大，其中应用较普遍的一种称为安德森采样器，由八级组成，每级有200～400个喷孔，最后一级也是用玻璃纤维滤膜代替捕集板捕集小颗粒物。安德森采样器捕集颗粒物的粒径范围为0.34～11μm。

可吸入颗粒物采样器必须用标准粒子发生器制备的标准粒子进行校准，要求在一定采样流量时，采样器的捕集效率在50%以上，截留点的粒径（D50）为（10±1）μm。

3. 个体采样器

个体采样器主要用于研究空气污染物对人体健康的危害。其特点是体积小、质量小，佩戴在人体上可以随人的活动连续地采样，反映人体实际吸入的污染物量。扩散法采样剂量器由外壳、扩散层和收集剂三部分组成，其工作原理是空气通过剂量器外壳通气孔进入扩散层，则被收集组分分子也随之通过扩散层到达收集剂表面被吸附或吸收。收集剂为吸附剂、化学试剂浸渍的惰性颗粒物质或滤膜，如用吗啡啉浸渍的滤膜可采集大气中的SO_2等。渗透法采样剂量器由外壳、渗透膜和收集剂组成。渗透膜为有机合成薄膜，如硅酮膜等；收集剂一般用吸收液或固体吸附剂，装在具有渗透膜的盒内，气体分子通过渗透膜到达收集剂被收集，如空气中的H_2S通过二甲基硅酮膜渗透到含有乙二胺四乙酸二钠的0.2mol/L的氢氧化钠溶液而被吸收。

第二节 大气环境质量的监测

一、颗粒物（PM_{10}、$PM_{2.5}$和TSP）的测定

大气颗粒物是指悬浮在大气中的固态或液态颗粒物，根据其粒径大小，分为总悬浮颗粒物TSP（空气动力学当量直径小于或等于$100\mu m$）、可吸入颗粒物PM_{10}（空气动力学当量直径小于或等于$10\mu m$）和细颗粒物$PM_{2.5}$（空气动力学当量直径小于或等于$2.5\mu m$）。近年来，随着我国社会经济的快速发展，多个地区接连出现以颗粒物（PM_{10}和$PM_{2.5}$）为特征污染物的灰霾天气，大气颗粒物已成为长期影响我国环境空气质量的首要污染物。一般可将颗粒物排放源分为固定燃烧源、生物质开放燃烧源、工业工艺过程源和移动源。颗粒物是大气污染物中数量最大、成分复杂、性质多样、危害较大的常规监测项目，它本身可以是有毒物质，还可以是其他有毒有害物质在大气中的运载体、催化剂或反应床。在某些情况下，颗粒物质与所吸附的气态或蒸气态物质结合，会产生比单个组分更大的协同毒性作用。因此，对颗粒物质的研究是控制大气污染的一个重要内容。

大气中颗粒物质的检测项目有可吸入颗粒物（PM_{10}）、细颗粒物（$PM_{2.5}$）和总悬浮颗粒物（TSP）等。

（一）PM_{10}和$PM_{2.5}$的测定

测定TSP、PM_{10}和$PM_{2.5}$的手工监测方法主要为重量法，PM_{10}和$PM_{2.5}$连续监测系统所配置监测仪器的测量方法一般为微量振荡天平法和β射线法。

1. 重量法

$PM_{2.5}$和PM_{10}重量法的原理：分别通过具有一定切割特性的采样器，以恒速抽取定量体积的空气，使环境空气中的$PM_{2.5}$和PM_{10}被截留在已知质量的滤膜上，根据采样前后滤膜的质量差和采样体积，计算出$PM_{2.5}$和PM_{10}的浓度。

$PM_{2.5}$ 或 PM_{10} 采样器由采样入口、PM_{10} 或 $PM_{2.5}$ 切割器、滤膜夹、连接杆、流量测量及控制装置、抽气泵等组成。采样器通过流量测量及控制装置控制抽气泵以恒定流量（工作点流量）抽取环境空气，环境空气样品以恒定的流量依次经过采样入口、PM_{10} 或 $PM_{2.5}$ 切割器，颗粒物被捕集在滤膜上，气体经流量计、抽气泵由排气口排出。采样器实时测量流量计计前压力、计前温度、环境大气压、环境温度等参数对采样流量进行控制。

工作点流量是指采样器在工作环境条件下，采样流量保持定值，并能保证切割器切割特性的流量。对 PM_{10} 或 $PM_{2.5}$ 采样器的工作点流量不做必须要求，一般大、中、小流量采样器的工作点流量分别为 $1.05m^3/min$、$100L/min$、$16.67L/min$。

PM_{10} 切割器和采样系统的技术指标为：切割粒径 $D_{a50}=(10\pm0.5)\mu m$；捕集效率的几何标准差为 $\sigma_g=(1.5\pm0.1)\mu m$。$PM_{2.5}$ 切割器和采样系统的技术指标为：切割粒径 $D_{a50}=(2.5\pm0.2)\mu m$；捕集效率的几何标准差为 $\sigma_g=(1.2\pm0.1)\mu m$。$D_{a50}$ 表示 50％切割粒径，指切割器对颗粒物的捕集效率为 50％时所对应的粒子空气动力学当量直径。捕集效率的几何标准差表述为捕集效率为 16％时对应的粒子空气动力学当量直径与捕集效率为 50％时对应的粒子空气动力学当量直径的比值。

切割器应定期清洗，一般累计采样 168h 应清洗一次，如遇扬尘、沙尘暴等恶劣天气，应及时清洗。

2. 连续自动监测法

微量振荡天平法是在质量传感器内使用一个振荡空心锥形管，在其振荡端安装可更换的滤膜，振荡频率取决于锥形管的特征和质量。当采样气流通过滤膜，其中的颗粒物沉积在滤膜上，滤膜的质量变化导致振荡频率的变化，通过振荡频率变化计算出沉积在滤膜上颗粒物的质量，再根据流量、现场环境温度和气压计算出该时段 PM_{10} 和 $PM_{2.5}$ 颗粒物的浓度。

3. β射线法

β射线法是利用β射线衰减的原理，环境空气由采样泵吸入采样管，经过滤膜后排出，颗粒物沉积在滤膜上，当β射线通过沉积着颗粒物的滤膜时，β射线的能量衰减，通过对衰减量的测定便可计算出 PM_{10} 和 $PM_{2.5}$ 颗粒物的浓度。

（二）总悬浮颗粒物的测定

总悬浮颗粒物（Total Suspended Particulate Matter，TSP）可分为一次颗粒物和二次颗粒物。一次颗粒物是由天然污染源和人为污染源释放到大气中直接造成污染的物质，如风扬起的灰尘、燃烧和工业烟尘；二次颗粒物则是通过某些大气化学过程所产生的微粒，如二氧化硫转化生成硫酸盐。具有切割特性的采样器，以恒速抽取定量体积的空气，空气中悬浮颗粒物被截留在已恒重的滤膜上。根据采样前、后滤膜质量之差及采样体积，计算总悬浮颗粒物的浓度，其计算公式为：

$$\text{TSP 含量 } \mu g/m^3 = \frac{KW}{Q_N t} \qquad (2-1)$$

式中：W ——截留在滤膜上的悬浮颗粒物总质量，mg；

t ——累计采样时间，min；

Q_N ——采样器平均抽气流量，m^3/min；

K ——常数，大流量采样器 $K = 1 \times 10^6$，中流量采样器 $K = 1 \times 10^9$。

该方法适用于大流量或中流量总悬浮颗粒物采样器（简称采样器）进行空气中总悬浮颗粒物的测定，但不适用于总悬浮颗粒物含量过高或雾天采样使滤膜阻力大于 10kPa 时情况。该方法的检测下限为 $0.001mg/m^3$。当对滤膜经选择性预处理后，可进行相关组分分析。

当两台总悬浮颗粒物采样器安放位置相距不大于 4m、不少于 2m 时，同样采样测定总悬浮颗粒物的含量，相对偏差不大于 15%。

二、气态污染物的测定

大气中的含硫污染物主要有 H_2S、SO_2、SO_3、CS_2、H_2SO_4 和各种硫酸盐，主要来源于煤和石油燃料的燃烧、含硫矿石的冶炼、硫酸等化工产品生产排放的废气。

（一）SO_2 的测定

SO_2 是主要空气污染物之一，为例行监测的必测项目。它来源于煤和石油等燃料的燃烧、含硫矿石的冶炼、硫酸等化工产品生产排放的废气。SO_2 是一种无色、易溶于水、有刺激性气味的气体，能通过呼吸进入气管，对局部组织产生刺激和腐蚀作用，是诱发支气管炎等疾病的原因之一，特别是当它与烟尘等气溶胶共存时，可加重对呼吸道黏膜的损害。

测定空气中 SO_2 常用的方法有分光光度法、紫外荧光光谱法、电导法、库仑滴定法和气相色谱法。其中，紫外荧光光谱法和电导法主要用于自动监测。

（二）氮氧化物的测定

空气中的氮氧化物以一氧化氮、二氧化氮、三氧化二氮、四氧化二氮、五氧化二氮等多种形态存在，其中一氧化氮和二氧化氮是主要存在形态，为通常所指的氮氧化物（NO_x）。它们主要来源于化石燃料高温燃烧和硝酸、化肥等生产工业排放的废气，以及汽车尾气。

NO 为无色、无臭、微溶于水的气体，在空气中易被氧化成 NO_2。NO_2 为红棕色具有强烈刺激性气味的气体，毒性比 NO 高 4 倍，是引起支气管炎、肺损伤等疾病的有害物质。空气中 NO、NO_2 常用的测定方法有盐酸萘乙二胺分光光度法、化学发光分析法及原电池库仑滴定法。

（三）CO 的测定

一氧化碳（CO）是空气中的主要污染物之一，它主要来自石油、煤炭燃烧不充分的产物和汽车尾气；一些自然现象如火山爆发、森林火灾等也是来源之一。

CO 是一种无色、无臭的有毒气体，燃烧时呈淡蓝色火焰。它容易与人体血液中的血红蛋白结合，形成碳氧血红蛋白，使血液输送氧的能力降低，造成缺氧症。中毒较轻时，会出现头痛、疲倦、恶心、头晕等感觉；中毒严重时，则会发生心悸、昏迷、窒息甚至造成死亡。

测定空气中 CO 的方法有非色散红外吸收法、气相色谱法、定电位电解法、汞置换法等。其中，非色散红外吸收法常用于自动监测。

（四）O_3 的测定

臭氧是最强的氧化剂之一，它是空气中的氧在太阳紫外线的照射下或在闪电的作用下形成的。臭氧具有强烈的刺激性，在紫外线的作用下，参与烃类和 NO_x 的光化学反应。同时，臭氧又是高空大气的正常组分，能强烈吸收紫外线，保护人和其他生物免受太阳紫外线的辐射。但是，O_3 超过一定浓度，对人体和某些植物生长会产生一定危害。近地面空气中可测到 $0.04\sim 0.1\text{mg/m}^3$ 的 O_3。

目前测定空气中 O_3 广泛采用的方法有硼酸碘化钾分光光度法、靛蓝二磺酸钠分光光度法、化学发光分析法和紫外吸收法。其中，化学发光分析法和紫外吸收法多用于自动监测。

（五）氟化物的测定

空气中的气态氟化物主要是氟化氢，也可能有少量氟化硅（SiF_4）和氟化碳（CF_4）。含氟粉尘主要是冰晶石（Na_3AlF_6）、萤石（CaF_2）、氟化铝（AlF_3）、氟化钠（NaF）及磷灰石 [$3Ca_3(PO_4)_2\cdot CaF_2$] 等。氟化物污染主要来源于铝厂、冰晶石和磷肥厂、用硫酸处理萤石及制造和使用氟化物、氢氟酸等部门排放或逸散的气体和粉尘。氟化物属高毒类物质，由呼吸道进入人体，刺激黏膜、引起中毒等症状，并能影响各组织和器官的正常生理功能。由于氟化物对植物的生长也会产生危害，因此，人们已利用某些敏感植物监测空气中的氟化物。

测定空气中氟化物的方法有分光光度法、离子选择电极法等。离子选择电极法具有简便、准确、灵敏和选择性好等优点，是目前广泛采用的方法。

（六）其他污染物质的测定

空气中气态和蒸气态污染物质是多种多样的，由于不同地区排放污染物质的种类不尽相同，评价环境空气质量时，往往还需要测定其他污染组分，下面再简要介绍几种有机污染物的测定。

1. 苯系物的测定

苯系物包括苯、甲苯、乙苯、邻二甲苯、对二甲苯、间二甲苯等，可经富集采样、解吸，用气相色谱法测定。常用活性炭吸附或低温冷凝法采样，二硫化碳洗脱或热解吸后进样，经 PEG－6000 柱分离，用火焰离子化检测器检测。根据保留时间定性，根据峰高（或峰面积）利用标准曲线法定量。

2. 挥发酚的测定

常用气相色谱法或 4－氨基安替比林分光光度法测定空气中的挥发酚（苯酚、甲酚、二甲酚等）。

气相色谱法测定挥发酚用 GDX－502 采样管吸附采样，三氯甲烷解吸后进样，经液晶 PBOB 色谱柱分离，用火焰离子化检测器检测，根据保留时间定性，根据峰高（或峰面积）利用标准曲线法定量。

4－氨基安替比林分光光度法用装有碱性溶液的吸收瓶采样，经水蒸气蒸馏除去干扰物，馏出液中的酚在铁氰化钾存在条件下，与 4－氨基安替比林反应，生成红色的安替比林染料，于 460nm 处测其吸光度，以标准曲线法定量。当酚浓度低时，可用三氯甲烷萃取安替比林染料后测定。

3. 甲基对硫磷和敌百虫的测定

甲基对硫磷是我国广泛应用的杀虫剂，属高毒物质。常用的测定方法有气相色谱法、盐酸萘乙二胺分光光度法，后者干扰因素较多。

气相色谱法用硅胶吸附管采样，丙酮洗脱，DC550 和 OV－210/chromosorb WHP 色谱柱分离，火焰光度检测器测定，以峰高（或峰面积）标准曲线法定量。也可以用酸洗 101 白色单体采样管采样，乙酸乙酯洗脱，经 OV－17 shimalite WAW DMCS 柱分离，用火焰离子化检测器测定。

敌百虫的化学名称为 0，O′－二甲基－（2，2，2－三氯－1－羟基乙基）磷酸酯，是一种低毒有机磷杀虫剂，常用硫氰酸汞分光光度法测定。测定原理为：用内装乙醇溶液的多孔筛板吸收管采样，在采样后的吸收液中加入碱溶液，使敌百虫水解，游离出氯离子，再在高氯酸、高氯酸铁和硫氰酸汞存在的条件下，使氯离子与硫氰酸汞反应，置换出硫氰酸根离子，并与铁离子生成橙红色的硫氰酸铁，于 470nm 处用分光光度法间接测定敌百虫浓度。空气中的氯化氢、颗粒物中的氯化物及水解后生成氯离子的其他有机氯化合物干扰测定，可另测定在中性水溶液中不经水解的样品中氯离子的含量，再从水解样品测得的总氯离子含量中扣除。

三、环境空气颗粒物中铅的测定

大气中铅的来源有天然因素和非天然因素。天然因素包括地壳侵蚀、火山爆发、海啸等将地壳中的铅释放到大气中；非天然因素主要指来自工业、交通方面的铅排放。研究认为，非自然性排放是铅污染的主要来源，并以含铅汽油燃烧的排铅量为最高，是全球环境铅污染的主要因素。

大气中的铅大部分颗粒直径为 $0.5\mu m$ 或更小，因此可以长时间地飘浮在空气中。如果接触高浓度的含铅气体，就会引起严重的急性中毒症状，但这种状况比较少见。常见的是长期吸入低浓度的含铅气体，引起慢性中毒症状，如头昏、头痛、全身无力、失眠、记忆力减退等神经系统综合征。铅还有高度的潜在致癌性，其潜伏期长达 20～30 年。

测定大气颗粒物中铅的方法有火焰原子吸收分光光度法、石墨炉原子吸收分光光度法和电感耦合等离子体质谱法。

（一）火焰原子吸收分光光度法

火焰原子吸收分光光度法测定铅的方法原理：用玻璃纤维滤膜采集的试样，经硝酸－过氧化氢溶液浸出制备成试样溶液，并直接吸入空气－乙炔火焰中原子化，在 283.3nm 处测量基态原子对空心阴极灯特征辐射的吸收。在一定条件下，吸光度与待测样中的 Pb 浓度成正比，根据标准工作曲线进行定量。

当采样体积为 $50m^3$ 进行测定时，最低检出浓度为 $5\times10^4 mg/m^3$。

（二）石墨炉原子吸收分光光度法

方法基本原理：用乙酸纤维或过氧乙烯等滤膜采集环境空气中的颗粒物样品，经消解后制备成试样溶液，用石墨炉原子吸收分光光度计测定试样中铅的浓度。

该方法检出限为 $0.05\mu g/50mL$ 试样溶液。

（三）电感耦合等离子体质谱法

电感耦合等离子体质谱法（ICP－MS）适用于环境空气 $PM_{2.5}$、PM_{10}、TSP 以及无组织排放和污染源废气颗粒物中铅等多种金属元素的测定。方法及原理为：使用滤膜采集环境空气中的颗粒物，使用滤筒采集污染源废气中的颗粒物，采集的样品经预处理（微波消解或电热板消解）后，利用电感耦合等离子体质谱仪测定各金属元素的含量。

当空气采样量为 150m³（标准状态），污染源废气采样量为 0.600m³（标准状态干烟气）时，方法检出限分别为 0.6μg/m³ 和 0.2μg/m³。

四、大气中苯并［a］芘的测定

大气中的苯并［a］芘主要来自热电工业、工业过程炼焦及催化裂解、废物和开放性燃烧、各类车辆释放的尾气、烹调的油烟等。苯并［a］芘是环境中普遍存在的一种强致癌物质。

测定空气颗粒物中的苯并［a］芘要经过提取、分离和测定等步骤。测定苯并［a］芘的主要方法有乙酰化滤纸层析－荧光分光光度法、高压液相色谱法、紫外分光光度法等。由于高压液相色谱法可分离分析沸点高、热稳定性差、相对分子质量大于 400 的有机化合物，并具有分离效果好、灵敏度高、测定速度快等特点，是较为普遍采用的测定大气中苯并［a］芘的方法。

（一）液相色谱法

液相色谱法的基本原理：将采集在玻璃纤维滤膜上的颗粒物中的苯并［a］芘（简称 B［a］P）及一切有机溶剂可溶物，用环己烷在水浴上以索氏提取器连续加热提取。提取液注入高效液相色谱，通过色谱柱的 B［a］P 与其他化合物分离，然后用荧光检测器对其进行定量测定。

该方法用大流量采样器（流量为 1.13m³/min）连续采集 24h，乙腈/水作流动相，最低检出浓度为 6×10^{-5}μg/m；甲醇/水作流动相，最低检出浓度为 1.8×10^{4}μg/m³。

（二）乙酰化滤纸层析－荧光分光光度法

方法基本原理：苯并［a］芘易溶于咖啡因水溶液、环己烷、苯等有机溶剂中。将采集在玻璃纤维滤膜上的颗粒物的 B［a］P 及一切有机溶剂可溶物，用环己烷在水浴上以索氏提取器连续加热提取后进行浓缩，并用乙酰化滤纸层析分离。B［a］P 斑点用丙酮洗脱后，用荧光分光光度法定量测定，测定发射波长为 402nm、405nm 和 408nm 的荧光强度。用窄基线法计算出标准苯并[a]芘和样品中苯并[a]芘的相对荧光强度 F，再由下式计算出空气颗粒物中苯并[a]芘的含量：

$$F = \frac{F_{402nm} + F_{408nm}}{2} \quad (2-2)$$

$$c = \frac{F}{F_S} \times W_S \times \frac{K}{V_n} \times 100 \quad (2-3)$$

式中：F ——样品洗脱液相对荧光强度；

F_S ——标准 B[a]P 洗脱液相对荧光强度；

c ——环境空气可吸入颗粒物中 B[a]P 的浓度，$\mu g/100m^3$；

V_n ——标准状态下的采样体积，m^3；

W_S ——标准 B[a]P 的点样量，μg；

K ——环己烷提取液总体积与浓缩时所取的环己烷提取液的体积比。

该方法的检测下限为 $0.001\mu g/5mL$；当采样体积为 $40m^3$ 时，最低检出浓度为 $0.002\mu g/100m^3$。

第三节　废气污染源的监测

空气污染源包括固定污染源和流动污染源。固定污染源又分为有组织排放源和无组织排放源。有组织排放源指烟道、烟囱及排气筒等。无组织排放源指设在露天环境中的无组织排放设施或无组织排放的车间、工棚等。它们排放的废气中既含有固态的烟尘和粉尘，也含有气态和气溶胶态的多种有害物质。流动污染源指汽车、火车、飞机、轮船等交通运输工具排放的废气，含有一氧化碳、氮氧化物、碳氢化合物、烟尘等。

一、固定污染源的监测

（一）监测目的和要求

监测目的：检查排放的废气中有害物质的含量是否符合国家或地方的排

放标准和总量控制标准；评价净化装置及污染防治设施的性能和运行情况，为空气质量评价和管理提供依据。

进行监测时，要求生产设备处于正常运转状态下，对因生产过程引起排放情况变化的污染源，应根据其变化特点和周期进行系统监测。

监测内容包括废气排放量、污染物质排放浓度及排放速率（质量流量，kg/h）

在计算废气排放量和污染物质排放浓度时，都使用标准状况下的干气体体积。

（二）采样点的布设

采样位置是否正确，采样点数目是否适当，是决定能否获得代表性的废气样品和能否尽可能地节约人力、物力的很重要的工作，因此，应在调查研究的基础上，综合分析后确定。

1. 采样位置

采样位置应选在气流分布均匀稳定的平直管段上，避开弯头、变径管、三通管及阀门等易产生涡流的阻力构件。一般原则是按照废气流向，将采样断面设在阻力构件下游方向大于6倍管道直径处或上游方向大于3倍管道直径处。对于矩形烟道，其等效直径$D=2AB/(A+B)$，其中A、B为断面边长。即使客观条件难以满足要求，采样断面与阻力构件的距离也不应小于管道直径的1.5倍，并适当增加采样点数目和采样频率。采样断面气流流速最好在5m/s以下。此外，由于水平管道中的气流流速与污染物的浓度分布不如垂直管道中均匀，所以应优先考虑垂直管道。还要考虑方便、安全等因素。

2. 采样点数目

由于烟道内同一断面上各点的气流流速和烟尘浓度分布通常是不均匀的，所以必须按照一定原则进行多点采样。采样点的位置和数目主要根据烟道断面的形状、尺寸大小和流速分布情况确定。

（1）圆形烟道

在选定的采样断面上设两个相互垂直的采样孔，将烟道断面分成一定数量的同心等面积圆环,沿着两个采样孔中心线设四个采样点。若采样断面上气流流速较均匀,可设一个采样孔,采样点数减半。当烟道直径小于0.3m,且气流流速均匀时,可在烟道中心设一个采样点。不同直径圆形烟道的等面积圆环数、测量直径数及采样点数不同,原则上采样点应不超过20个。

(2) 矩形烟道

将烟道断面分成一定数目的等面积矩形小块,各小块中心即为采样点位置。矩形小块的数目可根据烟道断面面积,按照表2-1所列数据确定。

表2-1　　　　　　　矩形烟道的分块和采样点数

烟道断面面积	等面积矩形小块的边长/m	采样点数
<0.1	<0.32	1
0.1~0.5	<0.35	1~4
0.5~1.0	<0.50	4~6
0.1~4.0	<0.67	6~9
4.0~9.0	<0.75	9~16
>9.0	≤1.0	16~20

当水平烟道内积灰时,应从总断面面积中扣除积灰断面面积,按有效面积设置采样点。

在能满足测压管和采样管到达各采样点位置的情况下,尽可能地少开采样孔,一般开两个互成90°的采样孔。采样孔内径应不小于80mm,采样孔管长应不大于50mm。对正压下输送的高温或有毒废气的烟道应采用带有闸板阀的密封采样孔。

(三) 烟气参数的测定

1. 烟气温度的测定

在采样孔或采样点的位置测定排气温度,一般情况下可在靠近烟道中心的一点测定。测定仪器如下:

水银玻璃温度计:精确度应不低于2.5%,最小分度值应不大于2℃。

热电偶或电阻温度计:示值误差不大于±3℃。

测定步骤:将温度测量单元插入烟道中测点处,封闭测孔,待温度计读数稳定后读数。使用玻璃温度计时,注意不可将温度计抽出烟道外读数。

2. 烟气含湿量的测定

干湿球法。烟气以一定的速度流经干、湿球温度计,根据干、湿球温度计的读数和测点处的烟气绝对压力,来确定烟气的含湿量。

冷凝法。抽取一定体积的烟气,使之通过冷凝器,根据冷凝出来的水量加上从冷凝器排出的饱和气体含有的水蒸气量,来确定烟气的含湿量。

重量法。从烟道中抽取一定体积的烟气,使之通过装有吸湿剂的吸湿管,烟气中的水汽被吸湿剂吸收,吸湿管的增重即为已知体积烟气中含有的水汽量。常用的吸湿剂有氯化钙、氧化钙、硅胶、氧化铝、五氧化二磷和过氯酸镁等。在选用吸湿剂时,应注意选择只吸收烟气中的水汽而不吸收其他气体的吸湿剂。

3. 烟气中 CO、CO_2、O_2 等气体成分的测定

烟气中 CO、CO_2、O_2 等气体成分可采用奥氏气体分析仪法和仪器分析方法测定。然而,奥氏气体分析仪适合测定含量较高的组分。当烟气成分含量较低时,可用仪器分析的方法测定。例如,可用电化学法、热磁式氧分析仪法或氧化锆氧分析仪法测定 O_2;用红外线气体分析仪或热导式分析仪测定 CO_2 等。

4. 流速和流量的测定

(1) 测量仪器

标准型皮托管。标准型皮托管是一个弯成 90°的双层同心圆管,前端呈半圆形,正前方有一个开孔,与内管相通,用来测定全压。在距前端 6 倍直径处外管壁上开有一圈孔径为 1mm 的小孔,通至后端的侧出口,用来测定排气静压。按照上述尺寸制作的皮托管的修正系数 K_p 为 0.99±0.01。标准型皮托管的测孔很小,当烟道内颗粒物浓度大时易被堵塞。它适用于测量较清洁的排气。

S 形皮托管。S 形皮托管由两根相同的金属管并联组成。测量端有方向相反的两个开口,测量时,面向气流的开口测得的压力为全压,背向气流的开口测得的压力小于静压。此 S 形皮托管的修正系数 K_p 为 0.84±0.01。制

作尺寸与上述要求有差别的S形皮托管的修正系数需要进行校正,其正反方向的修正系数相差应不大于0.01。S形皮托管的测压孔开口较大,不易被颗粒物堵塞,且便于在厚壁烟道中使用。

其他仪器。U形压力计:用于测定排气的全压和静压,其最小分度值应不大于10Pa。斜管微压计:用于测定排气的动压,其精确度应不低于2%,其最小分度值应不大于2Pa。大气压力计:最小分度值应不大于0.1Pa。流速测定仪:由皮托管、温度传感器、压力传感器、控制电路及显示屏组成,可以自动测定烟道断面各测点的排气温度、动压、静压及环境大气压,从而根据测得的参数自动计算出各点的流速。

(2) 测定步骤

①准备工作。将微压计调整至水平位置,检查微压计液柱中有无气泡,然后分别检查微压计和皮托管是否漏气。

②测量气流的动压。将微压计的液面调整至零点,在皮托管上标出各测点应该插入皮托管的位置,将皮托管插入采样孔。在各测点上,使皮托管的全压测孔正对着气流方向,其偏差不得超过10°,测出各测点的动压,分别记录下来。重复测定一次,取平均值。测定完毕后,要注意检查微压计的液面是否回到原点。

③测量排气的静压。使用S形皮托管时只用其一路测压管,其出口端用胶管与U形压力计一端相连,将S形皮托管插到烟道近中心处的测点,使其测量端开口平面平行于气流方向,所测得的压力即为静压。

④测量排气温度,并使用大气压力计测量大气压力。

二、流动污染源的监测

汽车、火车、飞机、轮船等排放的废气主要是汽(柴)油燃烧后排出的尾气,特别是汽车,其数量大,排放的有害气体是造成空气污染的主要原因之一。废气中主要含有一氧化碳、氮氧化物、烃类(HC)、烟尘和少许二氧化硫、醛类、3,4-苯并芘等有害物质。

(一) 汽油车急速与高急速工况下排气中污染物的测定

汽车排气中污染物含量与其运转工况(急速、加速、定速、减速)有关。因为怠速法试验工况简单，可使用已有的汽车排气污染物测试设备测定CO、CO_2、HC和O_2，故应用广泛。

1. 怠速与高怠速工况条件

怠速工况指发动机无负载运转状态，即发动机运转，离合器处于接合位置，油门踏板与手油门处于松开位置，变速器处于空挡位置（对于自动变速箱的车应处于"停车"或"P"档位）；采用化油器的供油系统，其阻风门处于全开位置；油门踏板处于完全松开位置。

高怠速工况指满足上述（除最后一项）条件，用油门踏板将发动机转速稳定控制在50%额定转速或制造厂技术文件中规定的高怠速转速时的工况。

2. 污染物的测定

对于汽车双怠速法排气污染物的测定，目前可采用非色散红外吸收法（NDIR）测定CO、CO_2、HC，采用电化学电池法测定O_2。测定时，首先将发动机由怠速工况加速至70%额定转速，并维持30s后降至高怠速工况，然后将取样探头插入排气管中，深度不少于400mm，并固定在排气管上。维持15s后，由具有平均值计算功能的仪器在30s内读取平均值，或人工读取最高值和最低值，其平均值即为高怠速污染物测量结果。发动机从高怠速工况降至怠速工况15s后，在30s内读取平均值即为怠速污染物测量结果。

（二）汽油车排气中氮氧化物的测定

在汽车尾气排气管处用取样管将废气引出（用采样泵），经冰浴（冷凝除水）、玻璃棉过滤器（除油、尘），抽取到100mL注射器中，然后将抽取的气样经三氧化铬—石英砂氧化管注入无水乙酸、对氨基苯磺酸、盐酸萘乙二胺吸收液显色，显色后用分光光度法测定，测定方法与空气中NO_x的测定方法相同。还可以用化学发光NO_x监测仪测定。

（三）柴油车排气烟度的测定

由汽车柴油机或柴油车排出的黑烟含多种颗粒物，其组分复杂，但主要是炭的聚合体（占85%以上），它往往吸附有SO_2及多环芳烃等有害物质。为防止黑烟对环境的污染，国家在《汽车柴油机全负荷烟度排放标准》中，规定了最高允许排放烟度值。

柴油车排气烟度常用滤纸式烟度计测定，以波许烟度单位（Rb）或滤纸烟度单位（FSN）表示。

1. 测定原理

用一台活塞式抽气泵在规定的时间内从柴油车排气管中抽取一定体积的排气，让其通过一定面积的白色滤纸，则排气中的炭粒被阻留附着在滤纸上，将滤纸染黑，其烟度与滤纸被染黑的强度有关。用光电测量装置测量洁白滤纸和染黑滤纸对同强度入射光的反射光强度，依据下式确定排气的烟度（以波许烟度单位表示）。规定洁白滤纸的烟度为零，全黑滤纸的烟度为10。

由于滤纸的质量会直接影响烟度的测定结果，所以要求滤纸洁白，纤维及微孔均匀，机械强度和通气性良好，以保证烟气中的炭粒能均匀分布在滤纸上，提高测定精度。

2. 滤纸式烟度计

滤纸式烟度计的整体工作原理如下：由取样探头、抽气装置及光电检测系统组成。当抽气泵活塞受脚踏开关的控制而上行时，排气管中的排气依次通过取样探头、取样软管及一定面积的滤纸被抽入抽气泵，排气中的黑烟被阻留在滤纸上，然后用步进电机（或手控）将已抽取黑烟的滤纸送到光电检测系统测量，由指示电表直接指示烟度值。规程中要求按照一定时间间隔测量三次，取其平均值。

烟度计的光电检测系统的工作过程：采集排气后的滤纸经光源照射，其中一部分被滤纸上的炭粒吸收，另一部分被滤纸反射至环形硒光电池，产生相应的光电流，送入测量仪表测量。指示电表刻度盘上已按烟度单位标明刻度。

使用烟度计时，应在取样前用压缩空气清扫取样管路，用烟度卡或其他方法标定刻度。

第四节 大气环境质量评价和废气污染源达标评价

一、大气环境质量评价

描述和反映大气环境质量现状既可以从化学的角度，也可以从生物学、物理学和卫生学的角度，它们都从某一方面说明了大气环境质量的好坏。由于我们最终要保护的是人，以人群效应来检验大气质量好坏的卫生学评价更科学、更合理一些。但这种方法难以定量化，所以目前应用最普遍的是监测评价。

（一）大气污染的形成机理及影响因素分析

污染源向大气环境排放污染物是形成大气污染的根源。污染物质进入大气环境后，在风和湍流的作用下向外输送扩散，当大气中污染物积累到一定程度之后，就改变了原始大气的化学组成和物理性状，构成对人类生产、生活甚至人群健康的威胁，这就是大气污染。

从大气污染的形成看，造成大气污染首先是因为存在着大气污染源；其次，还和大气的运动，即风和湍流有关。影响污染物地面浓度分布的因素主要包括污染源的特性和决定大气运动状况的气象条件与地形条件。

1. 源的形态

大气污染源分为点源、面源和线源，点源又分高架源和地面源。不同类型的源污染能力不同，在同样的气象条件下形成的地面浓度也不同。线源和面源的污染能力比点源大，地面源的污染能力比高架源大。因而，在其他条件相同时，线源和面源造成的地面浓度比点源大，地面源形成的浓度也比高架源大。

2. 源强

源强是污染源单位时间内排放污染物的量，即排放率。显然，源强越大，形成的地面浓度就越大，反之，地面浓度就越小。

3. 源的排放规律

源的排放规律指源的排放特点是间断排放，还是连续排放。间断排放的规律是什么；连续排放是均匀排放还是非均匀排放，若是非均匀排放，排放量随时间变化的规律是什么。所有这些源的排放特点，均和污染物的浓度分布有密切的关系。污染物的浓度往往随着排放的变化而变化。

4. 大气的稀释扩散能力

大气作为污染物质的载体，自身的运动状况决定了对污染物的稀释扩散能力，从而也就决定了污染物的地面浓度分布。影响大气运动状态的因素有地形条件和气象条件，而地形和气象条件往往决定了流场特性、风的结构、大气温度结构等，显然，这些因素都将直接影响污染物的地面浓度分布。

（二）评价工作程序

大气环境质量现状评价工作可分为四个阶段：调查准备阶段、环境监测阶段、评价分析阶段和成果应用阶段。

1. 调查准备阶段

根据评价任务的要求，结合本地区的具体条件，首先确定评价范围。在大气污染源调查和气象条件分析的基础上，拟定该地区的主要大气污染源和污染物以及发生重污染的气象条件，据此制订大气环境监测计划，并做好人员组织和器材准备。

2. 污染监测阶段

有条件的地方应配合同步气象观测，以便为建立大气质量模式积累基础资料，大气污染监测应按年度分季节定区、定点、定时进行。为了分析评价大气污染的生态效应，为大气污染分级提供依据，最好在大气污染监测时，同时进行大气污染生物学和环境卫生学监测，以便从不同角度来评价大气环境质量，使评价结果更科学。

3. 评价分析阶段

评价就是运用大气质量指数对大气污染程度进行描述，分析大气环境质量的时空变化规律，并根据大气污染的生物监测和大气污染环境卫生学监测进行大气污染的分级。此外，还要分析大气污染的成因、主要大气污染因子、重污染发生的条件以及大气污染对人和动植物的影响。

4. 成果运用阶段

根据评价结果，提出综合防治大气污染的对策，如改变燃料构成、调整能源结构、调整工业布局等。

（三）大气污染监测评价

1. 评价因子的选择

选择评价因子的依据是：本地区大气污染源评价的结果、大气例行监测的结果，以及生态和人群健康的环境效应。凡是主要大气污染物，大气例行监测浓度较高以及对生态及人群健康已经有所影响的污染物，均应选为污染监测的评价因子。

目前，我国各地大气污染监测评价的评价因子包括四类：尘（降尘、飘尘、悬浮微粒等）、有害气体（二氧化硫、氮氧化物、一氧化碳、臭氧等）、有害元素（氟、铅、汞、镉、砷等）和有机物（苯并[a]芘、总烃等）。评价因子的选择因评价区污染源构成和评价目的而异。进行某个地区的大气环境质量评价时，可根据该区大气污染源的特点和评价目的从上述因子中选择几项，不宜过多。

2. 评价标准的选择

大气环境质量评价标准的选择主要考虑评价地区的社会功能和对大气环境质量的要求，评价时可以分别采用一级、二级或三级质量标准。对于标准中没有规定的污染物，可参照国外相应的标准。有时，也可选择本地区的本底值、对照值、背景值作为评价对比的依据，但这往往受到地区的限制，使评价结果不能相斥比较。

3. 监测

（1）布点

监测布点的方法有网格布点法、放射状布点法、功能分区布点法和扇形布点法等，具体应用时可根据人力、物力条件及监测点条件的限制灵活运用。一般说来，布点要遵循如下几条原则：最好设置对照点；点的设置考虑大气污染源的分布和地形、气象条件；在污染源密集区和污染源密集区的下风侧,要适当增加监测点,争取做到 $1\sim4km^2$ 内有一个监测点,而在污染源稀少和评价区的边缘则可以少布一些点,争取做到 $4\sim10km^2$ 内有一个监测点;布的点必须能控制住要评价的区域范围,要保持一定的数量和密度;要有大气监测布点图。

(2) 采样、分析方法

可采用监测规范中规定的条文和分析方法。

(3) 监测频率

一年分四季,以 1 月、4 月、7 月、10 月代表冬、春、夏、秋季。每个季节采样 7d,一日数次,每次采 20～40min;以一日内几次的平均值代表日平均值,以 7d 的平均值代表季日平均值。

(4) 同步气象观测

大气污染程度与气象条件有密切的关系。要准确地分析、比较大气污染监测的结果,一定要结合气象条件来说明。要充分利用本地区气象部门的常规气象资料。如果评价区地形比较复杂,气象场不均匀,则应考虑开展同步气象观测,从而找出大气污染的规律和重污染发生的气象条件。

4. 评价

评价就是对监测数据进行统计、分析,并选用适宜的大气质量指数模型求取大气质量指数。根据大气质量指数及其对应的环境生态效应进行污染分级,绘制大气质量分布图,从而探讨各项大气污染物和环境质量随时空的变化情况,指出造成本地区大气环境质量恶化的主要污染源和主要污染物,研究大气污染对人群和生态环境的影响。最后,要提出改善大气环境质量及防止大气环境进一步恶化的综合防治措施。

二、废气污染源达标评价

(一) 监测项目

对于废气污染源,如果执行行业或地方排放标准的,则按照行业或地方排放标准以及该企业环评报告书及批复的规定确定监测项目。对二氧化硫、氮氧化物总量减排重点环保工程设施及纳入年度减排计划的重点项目,同时监测二氧化硫、氮氧化物的去除效率。废气监测项目均包括流量。

（二）监测频次

污染源每季度监测 1 次，全年监测 4 次。对于季节性生产企业，则在生产季节监测至少 4 次。

（三）评价方法

污染源采用单项污染物评价法，即在一次监测中，排污企业的任一排污口单项污染物浓度不达标，则该排污企业本次监测中该单项污染物为不达标；若任一排污口排放的任何一项污染物不达标，则该排污口本次监测为不达标；如果排污企业任一排污口不达标，则该排污企业本次监测为不达标。

评价所执行的标准：如果有地方或区域排放标准的，则优先采用地方或区域排放标准；如果有行业排放标准的，则采用行业排放标准；如果没有行业排放标准的，则采用综合排放标准。

第三章　水和废水监测

第一节　水样的采集和保存

一、概述

（一）水体与水体污染

水体是地面水、地下水和海洋等"储水体"的总称。在环境科学领域中，水体不仅包括水，也包括水中悬浮物、底泥及水中生物等。

水是一切生命机体的组成物质，也是人类进行生产活动的重要资源。地球上的水分布在海洋、湖泊、沼泽、河流、冰川、雪山，以及大气、生物体、土壤和地层。水的总量约为 $1.4 \times 10^{18} m^3$，其中海水约占 96.5%，淡水仅约占 2.7%，而人类比较容易利用的淡水资源总计不到淡水总量的 1%。

地球上水的循环既包括自然循环，也包括社会循环。在水的社会循环过程中，人类的生产和生活活动产生了大量的工业污水、生活污水、农业回流水及其他废水，这些废水携带的过量污染物进入河流、湖泊、海洋或地下水等水体后，导致水质恶化、水体功能降低或丧失，降低了水体的使用价值，这种现象称为水体污染。水体是否被污染，污染程度如何，需要通过其所含污染物或相关参数的监测结果来判断。

（二）水质监测的对象与目的

水质监测按监测对象分为水环境监测和水污染源监测两个方面。水环境监测包括地表水（江、河、湖、库、渠、海水）环境监测和地下水环境监测；水污染源监测包括工业废水、生活污水与医院废水等的监测。进行水质监测的目的可概括为以下几个方面：

1. 例行监测

经常性地监测江、河、湖、海水等地表水和地下水中的污染物质，以掌握水质现状及其变化趋势。

2. 应急监测

对水环境污染事故进行应急监测，为分析判断事故原因、危害及采取对策提供依据。

3. 管理性监测

为国家政府部门制订水环境保护标准、法规和规划，为全面开展环境管理工作提供数据和资料。

4. 仲裁性监测

对环境污染纠纷进行仲裁监测，为准确判断纠纷原因和公正执法提供依据。

（三）废水排放量监测

《水污染物排放总量监测技术规范》规定，用某一时段污染物平均浓度乘以该时段废（污）水排放量即为该时段污染物的排放总量。因此，实施污染物总量监测时必须对废水排放量（流量）进行测量。

1. 废水流量

废水流量又分为瞬时流量、平均流量和时间积分流量。

（1）瞬时流量

对"流量—时间"排放曲线波动较小的污水排放渠道，用瞬时流量代表平均流量引起的误差值小于10%时，可以用某一时段内任意时间测得的瞬时流量乘以该时段的时间表示该时段的流量。

（2）平均流量

对排放污水"流量—时间"排放曲线有明显波动，但波动有固定规律时，可以用该时段中几个等时间间隔的瞬时流量计算出平均流量，然后用平均流量乘以时间表示该时段的流量。

(3) 时间积分流量

对排放污水的"流量—时间"排放曲线既有明显波动又无规律可循，则必须连续测定流量，流量对时间的积分即为总流量。

2. 流量测量

流量测量可用流速仪法、溢流槽法、量水槽法、容器法、浮标法和压差法等。使用超声波式、电容式、浮子式或潜水电磁式污水流量计测量污水流量，所使用的流量计必须符合有关标准规定。在采样点需修建能满足采样和安装流量计的建筑物，一般修建满足采样测流的阴井或10m左右的平直明渠。如建设标准的测流槽（如矩形、梯形或U形槽等）或建设标准的测流堰（如矩形薄壁堰、三角薄壁堰等），所使用的测流槽、堰必须符合有关标准规定的要求。

(1) 流速仪法

通过测量排污渠道的过水截面积，以流速仪测量污水流速，计算污水量。选用流速仪适当，可以测量很宽范围的流量，一旦易受污水水质影响，难用于污水量的连续测定。排污截面底部需硬质平滑、截面形状规则，排污口处有3m～5m的平直过流水段，且水位高度不小于0.1m。

(2) 溢流槽法

在固定形状的渠道上安装特定形状的开口堰板，根据过堰水头与流量的固定关系，测量污水流量。根据污水量大小可选择三角堰、矩形堰、梯形堰等，溢流堰法精度较高，在安装液位计后可实行连续自动测量，固体沉积物在堰前堆积或藻类等物质在堰板上黏附会影响测量精度。

(3) 量水槽法

在明渠或涵管内安装量水槽，测量其上游水位可以计量污水量。常用的有巴氏计量槽，可以获得较高的精度（±2%～±5%）。常和超声波液位仪联用进行连续自动测量，水头损失小、容量壅水高度小、底部冲刷力大，不易沉积杂物。

(4) 容器法

将污水纳入已知的容器中，测定其充满容器所需要的时间，从而计算污水量的方法。本方法简单易行，测量精度较高，适用于计量污水量较小的连续或间歇排放的污水，适用于流量小于50t/d的排放口。但溢流口与受纳水体应有适当落差或能用导水管形成落差。

（5）浮标法

浮标法是一种最简单易行的方法，可采用一块木头或装有少量水的瓶，在木头上或瓶口上插小旗作为浮标，利用计时工具（如手表等）测定浮标通过污水渠中相距一定距离的两点的时间即可求出流速。通常用每秒通过的米数来表示这一速度。要求排污口上方有一段底壁平滑且长度不小于10m的无弯曲的有一定液面高度的排污渠道，并经常进行疏通、消障。

（6）压差法

利用流体流经节流装置时所产生的压力差与流量之间存在一定关系的原理，通过测量压差来实现流量测定。

二、水样的采集及保存

（一）水样的类型

1. 瞬时水样

瞬时水样是指从水中不连续地随机（就时间和断面而言）采集的单一样品，一般在某一时间和地点随机采集，这种水样只能说明采样时的水质状况。当水体水质稳定或其组分在相当长的时间或相当大的空间范围内变化不大时，瞬时水样可以很好地反映水质情况；当水体组分及含量随时间和空间变化时，就应隔时、多点采集瞬时样，分别进行分析，以摸清水质的变化规律。

2. 混合水样

混合水样分等时混合水样和等比例混合水样两种。等时混合水样指在某一时段内，在同一采样点位（断面）按等时间间隔所采等体积水样的混合水样。

如果水的流量随时间变化，必须采集流量比例混合样。等比例混合水样指在某一时段内，在同一采样点位所采水样量按时间或流量大小成比例采集的混合水样。可使用专用流量比例采样器（一种特殊自动水质采样器，所采集的水样量可随时间或流量呈一定比例变化，能用任一时段所采混合水样反映该时段采样点的平均浓度）采集这种水样。

观察平均浓度时，混合水样非常有用，如果被测组分在储存过程中会发生明显变化，则不宜采混合水样。

3. 综合水样

不同采样点在同一时间采集的各个瞬时水样混合后所得样品为综合水样。这种水样在某些情况下更具有实际意义。例如，当为几条排污沟、渠建立综合污水处理厂时，以综合水样取得的水质参数作为设计依据更为合理。

4. 单独水样

有些天然水体和废水中，某些成分的分布很不均匀，如油类或悬浮固体；某些成分在放置过程中很容易发生变化，如溶解氧或硫化物；某些成分的现场固定方式相互影响，如氧化物或COD等综合指标。如果从采样大瓶中取出部分样品来进行监测，其结果大多会失去代表性，这类样品必须单独采集和现场固定。

5. 质量控制样品

为了提高分析结果的精密度，检验分析方法的可靠性，还要采集现场空白样、现场平行样和加标样。

（1）现场空白样

在采样现场，用纯水按样品采集步骤装瓶，与水样同样处理，以掌握采样过程中环境与操作条件对监测结果的影响。

（2）现场平行样

现场采集平行水样，用于反映采样与测定分析的精密度，采集时应注意控制采样操作条件一致。

（3）加标样

取一组平行水样，在其中一份中加入一定量的被测标准物溶液，两份水样均按规定方法处理。

（二）地表水样的采集

1. 采样前的准备

采样前，要根据监测项目的性质和采样方法的要求，选择适宜材质的盛水容器和采样器,并清洗干净。此外,还需准备好交通工具,交通工具常使用船只。对采样器具的材质要求是化学性能稳定,大小和形状适宜,不吸附欲测组分,容易清洗并可反复使用。另外还需要准备采样器材,主要有采样器、采样瓶、保存剂、过滤装置、现场测定仪器、标签、记录笔、冰袋(或冰箱)、雨靴、石蜡等。

2. 采样方法和采样器(或采水器)

在河流、湖泊、水库、海洋中采样,常乘监测船或采样船、手划船等交通工具到采样点采集,也可涉水和在桥上采集。采集表层水样时,可用适当的容器如塑料筒等直接采取。采集深层水水样时,可用简易采水器、深层采水器、机械采水器、自动采水器等。采集急流时,可采用急流采水器。

(三)地下水样的采集

地下水采样前,除 BOD_5、有机物和细菌类监测项目外,先用采样水荡洗采样器和水样容器 2~3 次。测定溶解氧、BOD_5 和挥发性、半挥发性有机污染物项目的水样必须注满容器,上部不留空隙,但对准备冷冻保存的样品则不能注满容器,否则冷冻之后,因水样体积膨胀易使容器破裂,测定溶解氧的水样采集后应在现场固定,盖好瓶塞后再用水封口。

1. 井水

从监测井中采集水样常利用抽水机设备。启动后,先放水数分钟,将积留在管道内的陈旧水排出,然后用采样容器(已预先洗净)接取水样对于无抽水设备的水井,可选择适合的采水器采集水样,如深层采水器、自动采水器等。采样深度应在地下水水位 0.5m 以下,一般采集瞬时水样。

2. 泉水、自来水

对于自喷泉水,在涌水口处直接采样,对于不自喷泉水,用采集井水水样的方法采样。对于自来水,先将水龙头完全打开,将积存在管道中的陈旧水排出后再采样。地下水的水质比较稳定,一般采集瞬时水样即具有较好的代表性。

(四)废(污)水样的采集

1. 浅层废(污)水

从浅埋排水管、沟道中采样,用采样容器直接采集,也可用长柄塑料勺采集。

2. 深层废（污）水

对埋层较深的排水管、沟道，可用深层采水器或固定在负重架内的采样容器，沉入检测井内采样。

3. 自动采样

采用自动采水器可自动采集瞬时水样和混合水样。当废（污）水排放量和水质较稳定时，可采集瞬时水样；当排放量较稳定、水质不稳定时，可采集时间等比例水样；当二者都不稳定时，必须采集流量等比例水样。

（五）采集水样注意事项

第一，测定悬浮物、pH、溶解氧、生化需氧量、油类、硫化物、余氯、放射性、微生物等项目需要单独采样；其中，测定溶解氧、生化需氧量和有机污染物等项目的水样必须充满容器；pH、电导率、溶解氧等项目宜在现场测定。另外，采样时还需同步测量水文参数和气象参数。

第二，采样时必须认真填写采样登记表；每个水样瓶都应贴上标签（采样点编号、采样日期和时间、测定项目等）；要塞紧瓶塞，必要时还要密封。

（六）水样的运输与保存

1. 水样的运输

水样采集后，必须尽快送回实验室。水样运输前应将容器的外（内）盖盖紧。装箱时应用泡沫塑料等分隔，以防破损。箱子上应有"切勿倒置"等明显标志。同一采样点的样品瓶应尽量装在同一个箱子中；如分装在几个箱子内，则各箱内均应有同样的采样记录表。运输前应检查所采水样是否已全部装箱。根据采样点的地理位置和测定项目确定最长保存时间，选用适当的运输方式，对于需冷藏的样品，应采取制冷保存措施；冬季应采取保温措施，以免冻裂样品瓶。运输时应有专门押运人员水样交予化验室时，应有交接手续。

2. 水样的保存方法

各种水质的水样，从采集到分析测定的时间内，由于环境条件的改变，微生物新陈代谢活动和化学作用的影响，会引起水样某些物理参数及化学组分的变化，不能及时运输或尽快分析时，则应根据不同监测项目的要求，放在性能稳定的材料制作的容器中，采取适宜的保存措施。

（1）冷藏或冷冻法

冷藏或冷冻的作用是抑制微生物活动，减缓物理挥发和化学反应速度。

（2）加入化学试剂保存法

①加入生物抑制剂。

如在测定氨氮、硝酸盐氮的水样中加入 $HgCl_2$，可抑制生物的氧化还原作用；对测定酚的水样，用 H_3PO_4 调 pH 为 4 时，加入适量 $CuSO_4$，即可抑制苯酚菌的分解活动。

②调节 pH。

测定金属离子的水样常用 HNO_3 酸化 pH 为 1～2，既可防止重金属离子水解沉淀，又可避免金属被器壁吸附；测定氰化物或挥发性酚的水样时，加入 NaOH 调 pH 为 12，使之生成稳定的酚盐等。

③加入氧化剂或还原剂。

如测定汞的水样需加入 HNO_3（至 pH<1）和 $K_2Cr_2O_7$（0.05％），使汞保持高价态；测定硫化物的水样，加入抗坏血酸，可以防止被氧化；测定溶解氧的水样则需加入少量硫酸锰和碘化钾固定溶解氧（还原）等。

应当注意，加入的保存剂不能干扰以后的测定；保存剂的纯度最好是优级纯，还应做相应的空白实验，对测定结果进行校正。

水样的保存期限与多种因素有关，如组分的稳定性、浓度、水样的污染程度等。

3. 水样的过滤或离心分离

如欲测定水样中某组分的含量，采样后立即加入保存剂，分析测定时充分摇匀后再取样。如果测定溶解态组分含量，所采水样应用 $0.45\mu m$ 微孔滤膜作为分离可滤态和不可滤态的介质，用孔径为 $0.2\mu m$ 的滤膜作为分离细菌的介质，提高水样的稳定性，有利于保存。如果测定不可过滤的金属时，应保留过滤水样用的滤膜备用。对于泥沙型水样，可用离心方法处理。对含有机质较多的水样，可用滤纸或砂芯漏斗过滤。用自然沉降后取上清液测定可滤态组分是不恰当的。

第二节 水质监测方案的制订

一、地表水监测方案的制订

地表水是河流、湖泊、水库、沼泽和冰川的总称。

(一) 背景调查

在制订监测方案之前应尽可能完备地收集与监测水体及所在区域有关的资料，进而确定要监测的项目。可以从规划、环保、水利、气象等部门取得的资料主要有以下方面：

(1) 水体的水文、气候、地质和地貌资料。例如，水位、水量、流速及流向的变化，降水量、蒸发量及历史上的水情，河流的宽度、深度、河床结构及地质状况，湖泊沉积物的特性、间温层分布、等深线等。

(2) 水体沿岸城市分布、人口分布、工业布局、污染源及其排污情况、城市排水及农田灌溉排水情况、化肥和农药施用情况等。

(3) 水体沿岸的资源现状和水资源的用途，饮用水源分布和重点水源保护区，水体流域土地功能及近期使用计划等。

(4) 历年水质监测资料等。在收集基础资料的基础上，为了熟悉监测水域的环境，了解某些环境信息的变化情况，使制订监测方案和后续工作有的放矢地进行，实地调查也很重要。实地调查的重点应放在如本地工业的总布局及排水量大的主要企业的生产情况和废水排放情况，畜牧业的分布和生产情况，水体周围农田使用农药、肥料、灌溉水的情况及水土流失的情况等。

(二) 布点原则

在调查研究和对有关资料进行综合分析的基础上，根据水域尺度范围，考虑代表性、可控性及经济性等因素，确定监测断面类型和采样点数量，并不断优化，尽可能以最少的断面获取足够的代表性环境信息。

有大量废（污）水排入江、河的主要居民区、工业区的上游和下游，支流与干流汇合处，入海河流河口及受潮汐影响的河段，国际河流出入国境线的出入口，湖泊、水库出入口，应设置监测断面。

饮用水源地和流经主要风景区、自然保护区、与水质有关的地方病发病区、严重水土流失区及地球化学异常区的水域或河段，应设置监测断面。

监测断面的位置要避开死水区、回水区、排污口处，尽量选择河床稳定、水流平稳、水面宽阔、无浅滩的顺直河段。

监测断面应尽可能与水文测量断面一致，以便利用其水文资料。

（三）监测断面的布设方法

1. 河流监测断面的设置

对于江、河水系或某一河段，要求设置三种断面，即对照断面、控制断面和削减断面。

（1）对照断面

对照断面为了解流入河段前的水体水质状况而设置。这种断面应设在河流进入城市或工业区以前的地方，避开各种废水、污水流入或回流处。一个河段一般只设一个对照断面，有主要支流可酌情增加。

（2）控制断面

控制断面为评价、监测河段两岸污染源对水体水质的影响而设置。控制断面的数目应根据城市的工业布局和排污口分布情况而定。断面的位置与废水排放口的距离应根据主要污染物迁移、转化规律，河水流量和河道力学特征确定。由于在排污口下游 500m 横断面上的 1/2 宽度处重金属浓度一般出现最高峰值，因此控制断面一般设在排污口下游 500～1000m 处。对特殊要求的地区，如水产资源区、风景游览区、自然保护区、与水源有关的地方病发病区、严重水土流失及地球化学异常区等的河段上也应设置断面。

（3）削减断面

削减断面是指河流接受并容纳废水和污水后，经稀释扩散和自净作用，使污染物浓度显著下降，其左、中、右三点浓度差异较小的断面。通常设在城市或工业区最后一个排污口下游 1500m 以外的河段上，水量小的河流应视具体情况而定。

有时为了取得水系和河流的背景监测值，还应设置背景断面。这种断面上的水质要求基本上未受人类活动影响，应设在清洁河段上。

2. 湖泊、水库监测断面的设置

对不同类型的湖泊、水库应区别对待。为此，首先判断湖泊、水库是单一水体还是复杂水体，考虑汇入湖泊、水库的河流数量，水体的径流量、季节变化及动态变化，沿岸污染源分布及污染物扩散与自净规律、生态环境特点等，然后按照前面介绍的设置原则确定监测断面的位置：

①在进出湖泊、水库的河流汇合处分别设置监测断面。

②以功能区为中心，在其辐射线上设置弧形监测断面。

③在湖泊、水库中心，深、浅水区，滞流区，不同鱼类的回游产卵区，水生生物经济区等设置监测断面。

（四）采样点位的确定

设置监测断面后，应根据水面的宽度确定断面上的采样垂线，再根据采样垂线的深度确定采样点的位置和数目。

对于江河水系的每个监测断面，当水面宽小于 50m 时，只设 1 条中泓垂线；当水面宽为 50～100m 时，在左右近岸有明显水流处各设 1 条垂线；水面宽为 100～1000m 时，设左、中、右 3 条垂线；当水面宽大于 1500m 时，至少要设置 5 条等距离采样垂线；较宽的河口应酌情增加垂线数。

在一条垂线上，当水深小于或等于 5m 时，只在水面下 0.3～0.5m 处设置 1 个采样点；当水深为 5～10m 时，在水面下 0.3～0.5m 处和河底以上 0.5m 处各设 1 个采样点；当水深为 10～50m 时，设 3 个采样点，即水面下 0.3～0.5m 处 1 个，河底以上 0.5m 处 1 个，1/2 水深处 1 个；当水深超过 50m 时，应酌情增加采样点数。

湖泊、水库监测断面上采样点的位置和数目的确定方法与河流相同，如果存在间温层，应先测定不同水深处的水温、溶解氧等参数，确定成层情况后再确定垂线上采样点的位置。

监测断面和采样点位置确定后，其所在的位置应该有固定而明显的标志物。如果没有天然的标志物，则应设置人工标志物，如竖石柱、大木桩等。每次采样要严格以标志物为准，以保证样品的代表性和可比性。

（五）采样时间和采样频率的确定

为使采集的水样具有代表性，能够反映水质在时间和空间上的变化规律，确定合理的采样时间和采样频率的一般原则如下：

（1）对于较大水系干流和中、小河流，全年采样不少于6次，采样时间为丰水期、枯水期和平水期，每期采样2次。流经城市和工业区且污染较严重的河流、游览水域、饮用水源地全年采样不少于12次，采样时间为每月1次或视具体情况选定。底泥在每年枯水期采样1次。

（2）潮汐河流在丰、枯、平水期采样，每期采样2d，分别在大潮期和小潮期进行，每次应当分别采集当天涨、退潮水样测定。

（3）排污渠每年采样不少于3次。

（4）设有专门监测站的湖泊、水库，每月采样1次，全年不少于12次。其他湖泊、水库全年采样2次，枯、丰水期采样各1次。对于有废水排入、污染较严重的湖泊、水库，应酌情增加采样次数。

二、地下水监测方案的制订

储存在土壤和岩石空隙（孔隙、裂隙、溶隙）中的水统称地下水。地下水埋藏在地层的不同深度，相对地面水而言，其流动性小，水质参数的变化比较缓慢。地下水质监测方案的制订过程与地面水基本相同。

（一）资料收集和调查

（1）收集、汇总监测区域的水文、地质、气象等方面的有关资料和以往的监测资料，如地质图、剖面图、测绘图、水井的成套参数、含水层、地下水补给、径流和流向，以及温度、湿度、降水量等。

（2）调查监测区域内城市发展、工业分布、资源开发和土地利用情况，尤其是地下工程规模、应用等；了解区域内化肥和农药的施用面积和施用量；调查污水灌溉、排污、纳污和地面水污染现状。

（3）测量或查知水位、水深，以确定采水器和泵的类型、所需费用和采样程序。

（4）在完成以上调查的基础上，确定主要污染源和污染物，并根据地区特点与地下水的主要类型把地下水分成若干个水文地质单元。

（二）监测井位的布设

由于地质结构复杂，地下水采样点的布设也变得复杂。地下水一般呈分层流动，侵入地下水的污染物、渗滤液等可沿垂直方向运动，也可沿水平方向运动；同时，各深层地下水（也称承压水）之间也会发生串流现象。因此，布点时不但要掌握污染源分布、类型和污染物扩散条件，还要弄清地下水的分层和流向等情况。通常布设两类采样点，即对照监测井和控制监测井。监测井可以是新打的，也可利用已有的水井。

对照监测井设在地下水流向的上游不受监测地区污染源影响的地方。对于新开发区，应在开发区建设之前建设背景监测井，以明确区分新进驻企业的污染责任。

控制监测井设在污染源周围不同位置，特别是地下水流向的下游方向。渗坑、渗井和堆渣区的污染物，在含水层渗透性较大的地方易造成带状污染，此时可沿地下水流向及其垂直方向分别设采样点；在含水层渗透小的地方易造成点状污染，监测井宜设在近污染源处。污灌区等面状污染源易造成块状污染，可采用网格法均匀布点。排污沟等线状污染源，可在其流向两岸适当地段布点。

（三）采样时间和采样频率

对于常规性监测，要求在丰水期和枯水期分别采样测定；有条件的地区根据地方特点，可按四季采样测定；已建立长期观测点的地方可按月采样测定。一般每一采样期至少采样监测一次；对饮用水源监测点，每一采样期应监测两次，其间隔至少10d；对于有异常情况的监测井，应酌情增加采样监测次数。

三、水污染源监测方案的制订

水污染源包括工业废水、城市污水等，在制订监测方案时，首先要进行调查研究，收集有关资料，查清用水情况、废水或污水的类型、主要污染物及排污去向和排放量，车间、工厂或地区的排污口数量及位置，废水处理情况，是否排入江、河、湖、海，流经区域是否有渗坑等。然后进行综合分析，确定监测项目、监测点位，选定采样时间和频率、采样和监测方法及技术，制订质量保证程序、措施和实施计划等。

（一）采样点的设置

水污染源一般经管道或渠、沟排放，截面积比较小，不需设置监测断面，可直接确定采样点位。

1. 工业废水

生产废水在生产车间废水处理系统出口、生产车间排口、生活污水排口及厂区总排口分别设置一个监测点。

①第一类污染物采样点位一律设在车间或车间处理设施的排口或专门处理此类污染物设施的排口；第二类污染物采样点位一律设在排污单位的外排口。

②对整体污水处理设施处理效率监测时，应在各种进入污水处理设施的污水入口处和污水设施的污水总排口处设置采样点。对各污水处理单元效率监测时，在各种进入处理设施单元的污水入口处和设施单元的排口处设置采样点。

③进入集中式污水处理厂和进入城市污水管网的污水采样点位，应根据地方环境保护行政主管部门的要求确定。

2. 城市污水

①城市污水管网的采样点设在非居民生活排水支管接入城市污水干管的检查井、城市污水干管的不同位置、污水进入水体的排放口等。

②城市污水处理厂：在污水进口和处理后的总排口布设采样点。如需监测各污水处理单元效率，应在各处理设施单元的进、出口处分别设采样点。另外，还需设污泥采样点。

（二）采样时间和采样频率

工业废水和城市污水的排放量和污染物浓度随工厂生产及居民生活情况常发生变化，采样时间和频率应根据实际情况确定。

1. 工业废水

企业自控监测频率根据生产周期和生产特点确定，一般每个生产周期不得少于3次。确切频率由监测部门进行加密监测，获得污染物排放曲线（浓度—时间，流量—时间，总量—时间）后确定。监测部门监督性监测每年不少于1次；如被国家或地方环境保护行政主管部门列为年度监测的重点排污单位，应增加到每年2～4次。

排污单位自行监测的采样频次，应在正常生产条件下的一个生产周期内进行加密监测：周期在8h以内的，每1h采1次样；周期大于8h的，每2h采1次样，但每个生产周期采样次数不少于3次，采样的同时测定流量。

地方环境监测站对其监督性监测每年2次，如被地方环境保护行政主管部门列为年度监测的重点排污单位，每年增加2～4次。因管理或执法的需要所进行的抽查性监测或对企业的加密监测由各级环境保护行政主管部门确定。

2. 城市污水

对城市管网污水，可在一年的丰水季、平水季、枯水季，从总排放口分别采集一次流量比例混合样测定，每次进行48h，每4h采一次样。

在城市污水处理厂，为指导调节处理工艺参数和监督外排水水质，每天都要从部分处理单元和总排放口采集污水样，对指标项目进行例行监测。

四、水环境影响评价监测方案的制订

水环境影响评价中的监测重点指水环境现状监测，其目的是确定项目建设前水环境背景的状况，为分析建设项目投产后水环境质量的变化、污染物质在水体中的输送和降解规律提供依据。

根据水环境影响评价工作等级的不同，水环境监测方案略有不同。在制订监测方案之前应进行的与监测水体及所在区域有关的资料收集与调查内容参看技术导则相关内容。

水环境影响评价监测方案中，监测项目的选择应注意以下三个方面：监测项目的多少以经济、实用，够环评使用即可；优先选取有水环境质量标准和水污染物排放标准的监测项目；优先选择控制污染物、"三致"物质及国家或地方规定的总量控制项目。

(一)地表水环境影响评价监测方案的制订

1. 监测项目

现状监测中的常规监测项目以 pH、溶解氧、高锰酸盐指数、五日生化需氧量、凯氏氮或非离子氨、酚、氰化物、砷、汞、铬（六价）、总磷及水温为基础，根据水域类别、评价等级、污染源状况适当删减，现状监测中的特征水质参数根据建设项目特点、水域类别及评价等级选定。

当受纳水域的环境保护要求较高（如自然保护区、饮用水源地、珍贵水生生物保护区、经济鱼类养殖区等），且评价等级为一、二级时，应考虑监测或调查水生生物和底质。其调查项目可根据具体工作要求确定，也可从下列项目中选择部分内容：水生生物方面可选浮游动物、藻类、底栖无脊椎动物的种类和数量、水生生物群落结构等；底质方面则主要调查与拟建工程排水水质有关的易积累的污染物。

2. 监测范围

地表水环境影响评价监测范围尽量按照将来污染物排放后可能的达标范围确定，同时考虑评价等级的高低与污水排放量的大小等因素。

3. 监测点位

监测断面一般在以下位置设置：拟建排污口上游（对照断面，一般在 500m 以内）；调查范围内不同类水环境功能区、重点保护水域、敏感用水对象附近水域、水文特征突然变化处（如支流汇入处上下游）、水质急剧变化处（如排污口上下游）、涉水构筑物（如闸坝、桥梁等）附近、调查范围的下游边界处、水质例行监测断面处及其他需要进行水质预测的地点等（控制断面）；需掌握水质自净规律、通过实测来确定水质衰减系数时，应在恰当河段布设削减断面。

监测断面确定后，具体采样线和采样点位的设置可参考地表水监测方案相关内容。

对于二、三级评价项目，如需要预测混合过程段水质的场合，每次应将该段内各取样断面中每条垂线上的水样混合成一个水样。其他情况每个取样断面每次只取一个混合水样,即在该断面上同各处所取的水样混匀成一个水样。

对于一级评价项目,则每个取样点的水样均应分析,不取混合样。

4. 采样时间和采样频率

各种地表水体的监测时间与评价等级有关,也可参考《环境影响评价技术导则地面水环境》确定。一般情况下,一级评价工作应对丰水期、平水期、枯水期(若评价时间不够,可只对平水期、枯水期)的水质状况进行监测;二级评价工作应对平水期、枯水期(若评价时间不够,可只监测枯水期)的水质状况进行监测;三级评价工作应对枯水期(考虑最不利影响)的水质状况进行监测。

面源污染严重的地区,在情况允许的条件下,三级评价工作都应做丰水期监测冰封期较长的水域,如作为生活饮用水、食品加工用水的水源或渔业用水时,对冰封期的水质、水文也要监测。

水质监测期应选在流量稳定、水质变化小、连续无雨、风速不大的时间进行。一个水期采集水样一次,每次采样连续3~4d,至少有一天对所有已选取的监测项目取样分析;不预测水温时,只在采样时测水温;预测水温时,应每隔6h测一次水温,然后求平均水温作为日均水温。除上述要求外,对于湖泊、水库,表层溶解氧和水温宜每隔6h测一次,并监测藻类生长情况。

(二)地下水环境影响评价监测方案的制订

地下水环境现状监测是地下水环境影响评价的基本任务之一,是进行现状评价的基础,主要通过对地下水水位、水质的动态监测,了解和查明地下水水流与地下水化学组分的空间分布现状和发展趋势。

根据建设项目对地下水环境影响的特征和地下水敏感程度等级,地下水环境影响评价分为三级,其中一级评价环境现状调查范围不低于20km^2,二级评价6~20km^2,三级评价不大于6km^2,只包括重要地下水环境保护目标,否则可适当扩大范围。

1. 监测项目

地下水水质现状监测项目的选择,应根据建设项目行业污水特点、评价等级、存在或可能引发的环境水文地质问题而确定。适当多取,反之可适当减少。

水位、水量、水温、pH、电导率、浑浊度、色、嗅和味、肉眼可见物等指标应现场测定,同时还应测定气温、描述天气状况和近期降水情况。

2. 监测点位

地下水环境影响评价时的监测井点布设一般应遵循以下几个原则:第一,控制性布点与功能性布点相结合。监测井点应主要布设在建设项目场地、周围环境敏感点、地下水污染源、主要现状环境水文地质问题及对于确定边界条件有控制意义的地点。对于Ⅰ类和Ⅲ类改、扩建项目,当现有监测井不能满足监测位置和监测深度要求时,应布设新的地下水现状监测井。第二,监测井点的层位应以潜水和可能受建设项目影响的有开发利用价值的含水层为主。第三,一般情况下,地下水水位监测点数应大于相应评价级别地下水水质监测点数的2倍以上。

地下水水质监测点布设的具体要求如下:

(1) 一级项目

含水层的水质监测点各不得少于7个点/层,评价区面积大于$100km^2$时,每增加$15km^2$,水质监测点应至少增加1个点1层。

一般要求建设项目场地上游和两侧的地下水水质监测点各不得少于1个点1层,建设项目场地及其下游影响区的地下水水质监测点不得少于3个点/层。

(2) 二级项目

水质监测点各不得少于5个点1层,评价区面积大于$100km^2$时,每增加$20km^2$水质监测点应至少增加1个点/层。

一般要求建设项目场地上游和两侧的地下水水质监测点各不得少于1个点1层,建设项目场地及其下游影响区的地下水水质监测点不得少于2个点/层。

(3) 三级评价项目

含水层的水质监测点应不少于 3 个点/层。

一般要求建设项目场地上游水质监测点不得少于 1 个点/层，建设项目场地及其下游影响区的地下水水质监测点不得少于 2 个点/层。

现状监测点取样深度具体要求如下：①一级的Ⅰ类和Ⅲ类项目，对地下水监测井（孔）点应进行定深水质取样，地下水监测井中水深小于 20m 时，取两个水质样品，取样点深度应分别在井水位以下 1.0m 之内和井水位以下井水深度约 3/4 处。地下水监测井中水深大于 20m 时，取三个水质样品，取样点深度应分别在井水位以下 1.0m 之内、井水位以下井水深度约 1/2 处和井水位以下井水深度约 3/4 处。②二、三级的Ⅰ类、Ⅲ类建设项目和所有评价级别的Ⅱ类建设项目，只取一个水质样品，取样点深度应在井水位以下 1.0m 之内。

3. 采样时间和采样频率

(1) 一级项目

应在评价期内至少分别对一个连续水文年的枯、平、丰水期的地下水水位、水质各监测一次。

(2) 二级项目

对于新建项目，若有近 3 年内至少一个连续水文年的枯、丰水期监测资料，应在评价期内至少进行一次地下水水位、水质监测。对于改、扩建项目，若掌握现有工程建成后近 3 年内至少一个连续水文年的枯、丰水期观测资料，应在评价期内至少进行一次地下水水位、水质监测。若无上述监测资料，应在评价期内分别对一个连续水文年的枯、丰水期的地下水水位、水质各监测一次。

(3) 三级项目

应至少在评价期内监测一次地下水水位、水质，并尽可能在枯水期进行。

第三节 水体中的多种物质监测

一、金属污染物的测定

（一）铬的测定

铬存在于电镀、冶炼、制革、纺织、制药、炼油、化工等工业废水污染的水体中。富铬地区地表水径流中也含铬。自然形成的铬常以元素或三价状态存在，铬是人体必需的微量元素之一，金属铬对人体是无毒的，缺乏铬反而还可引起动脉粥样硬化，所以天然的铬给人体造成的危害并不大。铬是变价金属，污染的水中铬有三价、六价两种价态，一般认为六价铬的毒性比三价铬高约100倍，即使是六价铬，不同的化合物其毒性也不一样，三价铬也是如此。三价铬是一种蛋白质凝固剂。六价铬更易为人体吸收，对消化道和皮肤具刺激性，而且可在体内蓄积，产生致癌作用。铬抑制水体的自净，累积于鱼体内，也可使水生生物致死用含铬的水灌溉农作物，铬可富集于果实中。

铬的测定可采用二苯碳酰二肼分光光度法、原子吸收分光光度法和硫酸亚铁铵滴定法。

1. 二苯碳酰二肼分光光度法测定六价铬

（1）方法原理

在酸性溶液中，六价铬与二苯碳酰二肼反应，生成紫红色化合物，其色度在测量范围内与含量成正比，于540nm波长处进行比色测定，利用标准曲线法求水样中铬的含量。

本方法适用于地面水和工业废水中六价铬的测定。方法的最低检出浓度为0.004mg/L，使用光程为10mm比色皿，测定上限为1mg/L。

（2）测定要点

①对于清洁水样可直接测定；对于色度不大的水样，可以用丙酮代替显色剂的空白水样作参比测定；对于浑浊、色度较深的水样，以氢氧化锌作共

沉淀剂，调节溶液 pH 为 8～9，此时 Cr^{3+}，Fe^{3+}，Cu^{2+} 均形成氢氧化物沉淀，可被过滤除去，与水样中的 Cr（Ⅵ）分离；存在亚硫酸盐、二价铁等还原性物质和次氯酸盐等氧化物时，也应采取相应措施消除干扰。

②用优级纯 $K_2Cr_2O_7$ 配制铬标准溶液，分别取不同的体积于比色管中，加水定容，加酸（H_2SO_4、H_3PO_4）控制 pH，加显色剂显色，以纯溶剂（丙酮）为参比分别测其吸光度，将测得的吸光度经空白校正后，绘制吸光度对六价铬含量的标准曲线。

③取适量清洁水样或经过预处理的水样，与标准系列同样操作，将测得的吸光度经空白校正后，从标准曲线上查得并计算原水样中六价铬含量。

2. 总铬的测定

三价铬不与二苯碳酰二肼反应，因此必须将三价铬氧化至六价铬后，才能显色。

在酸性溶液中，以 $KMnO_4$ 氧化水样中的三价铬为六价铬，过量的 $KMnO_4$ 用 $NaNO_2$ 分解，过量的 $NaNO_2$ 以 $CO(NH_2)_2$ 分解，然后调节溶液的 pH，加入显色剂显色，按测定六价铬的方法进行比色测定。

注意，$KMnO_4$ 氧化三价铬时，应加热煮沸一段时间，随时添加 $KMnO_4$ 使溶液保持红色，但不能过量太多。还原过量的 $KMnO_4$ 时，应先加尿素，后加 $NaNO_4$ 溶液。

3. 硫酸亚铁铵［$Fe(NH_4)_2(SO_4)_2$］滴定法

本法适用于总铬浓度大于 1mg/L 的废水，其原理为在酸性介质中，以银盐作催化剂，用过硫酸铵将三价铬氧化成六价铬。加少量氯化钠并煮沸，除去过量的过硫酸铵和反应中产生的氯气。以苯基代邻氨基苯甲酸作指示剂，用硫酸亚铁铵标准溶液滴定，至溶液呈亮绿色。根据硫酸亚铁铵溶液的浓度和进行试剂空白校正后的用量，可计算出水样中总铬的含量。

（二）砷的测定

砷不溶于水，可溶于酸和王水中。砷的可溶性化合物都具有毒性，三价砷化合物比五价砷化合物毒性更强。砷在饮水中的最高允许浓度为0.05mg/L，口服 As_2O_3（俗称砒霜）5～10mg 可造成急性中毒，致死量为 60～200mg。

砷还有致癌作用，能引起皮肤病。

地面水中砷的污染主要来源于硬质合金、染料、涂料、皮革、玻璃脱色、制药、农药、防腐剂等工业废水，化学工业、矿业工业的副产品会含有气体砷化物。含砷废水进入水体中，一部分随悬浮物、铁锰胶体物沉积于水底沉积物中，另一部分存在于水中。

砷的监测方法有分光光度法、阳极溶出伏安法及原子吸收法等。新银盐分光光度法测定快速、灵敏度高，二乙氨基二硫代甲酸银是一经典方法。

1. 新银盐分光光度法

（1）方法原理

硼氢化钾（KBH_4或$NaBH_4$）在酸性溶液中，产生新生态的氢，将水中无机砷还原成砷化氢气体，以硝酸—硝酸银—聚乙烯醇—乙醇溶液为吸收液。砷化氢将吸收液中的银离子还原成单质胶态银，使溶液呈黄色，颜色强度与生成氢化物的量成正比。黄色溶液在400nm处有最大吸收，峰形对称。颜色在2h内无明显变化（20℃以下）。

取最大水样体积250mL，本方法的检出限为0.0004mg/L，测定上限为0.012mg/L。本方法适用于地表水和地下水痕量砷的测定。

（2）干扰及消除

本方法对砷的测定具有较好的选择性。但在反应中能生成与砷化氢类似氢化物的其他离子有正干扰，如锑、铋、锡等；能被氢还原的金属离子有负干扰，如镍、钴、铁等；常见离子不干扰。

2. 二乙氨基二硫代甲酸银分光光度法

锌与酸作用，产生新生态氢。在碘化钾和氯化亚锡存在下，使五价砷还原为三价砷，三价砷被新生态氢还原成气态砷化氢。用二乙氨基二硫代甲酸银—三乙醇胺的三氯甲烷溶液吸收砷，生成红色胶体银，在波长510nm处测其吸光度。空白校正后的吸光度用标准曲线法定量。

本方法可测定水和废水中的砷。

（三）镉的测定

镉是毒性较大的金属之一。镉在天然水中的含量通常小于0.01mg/L，低于饮用水的水质标准,天然海水中更低,因为镉主要在悬浮颗粒和底部沉积物中,水中镉的浓度很低、欲了解镉的污染情况,需对底泥进行测定。

镉污染不易分解和自然消化,在自然界中是累积的。废水中的可溶性镉被土壤吸收,形成土壤污染,土壤中可溶性镉又容易被植物所吸收,形成食物中镉量增加,人们食用这些食品后,镉也随着进入人体,分布到全身各器官,主要贮积在肝、肾、胰和甲状腺中,镉也随尿排出,但持续时间很长。

镉污染会产生协同作用,加剧其他污染物的毒性。实际上,单一的或纯净的含镉废水是少见的,所以呈现更大的毒性。我国规定,镉及其无机化合物,工厂最高允许排放浓度为 0.1mg/L,并且不得用稀释的方法代替必要的处理。镉污染主要来源于以下几个方面:第一,金属矿的开采和冶炼,镉属于稀有金属,天然矿物中镉与锌、铅、铜等共存,因此在矿石的浮选、冶炼、精炼等过程中便排出含镉废水。第二,化学工业中涤纶、涂料、塑料、试剂等工厂企业使用镉或镉制品做原料或催化剂的某些生产过程中产生含镉废水。第三,生产轴承、弹簧、电光器械和金属制品等机械工业与电器、电镀、印染、农药、陶瓷、蓄电池、光电池、原子能工业部门废水中亦含有不同程度的镉。

测定镉的方法,主要有原子吸收分光光度法、双硫腙分光光度法、阳极溶出伏安法等。

1. 原子吸收分光光度法

原子吸收分光光度法,又称原子吸收光谱分析,简称原子吸收分析。它是根据某元素的基态原子对该元素的特征谱线的选择性吸收来进行测定的分析方法。镉的原子吸收分光光度法有直接吸入火焰原子吸收分光光度法、萃取火焰原子吸收分光光度法、离子交换火焰原子吸收分光光度法和石墨炉原子分光光度法。

(1) 直接吸入火焰原子分光光度法

该方法测定速度快、干扰少,适于分析废水、地下水和地面水,一般仪器的适用浓度范围为 0.05~1.00mg/L。

①方法原理。将试样直接吸入空气—乙炔火焰中,在 228.8nm 处测定

吸光度。火焰中形成的原子蒸气对光产生吸收,将测得的样品吸光度和标准溶液的吸光度进行比较,确定样品中被测元素的含量。

②试样测量。首先将水样进行消解处理,然后按说明书启动、预热、调节仪器,使之处于工作状态。依次用0.2%硝酸溶液将仪器调零,用标准系列分别进行喷雾,每个水样进行三次读数,三次读数的平均值作为该点的吸光度。以浓度为横坐标,吸光度为纵坐标绘制标准曲线。同样测定试样的吸光度,从标准曲线上查得水样中待测离子浓度,注意水样体积的换算。

(2) 萃取火焰原子吸收分光光度法

本法适用于地下水和清洁地面水。分析生活污水和工业废水以及受污染的地面水时样品预先消解。一般仪器的适用浓度范围为1~50μg/L。

吡咯烷二硫代氨基甲酸铵—甲基异丁酮(APDC-MIBK)萃取程序是取一定体积预处理好的水样和一系列标准溶液,调pH为3,各加入2mL2%的APDC溶液摇匀,静置1min,加入10mLMIBK,萃取1min,静置分层弃去水相,用滤纸吸干分液漏斗颈内残留液。有机相置于10mL具塞试管中,盖严。按直接测定条件点燃火焰以后,用MIBK喷雾,降低乙炔/空气比,使火焰颜色和水溶液喷雾时大致相同。用萃取标准系列中试剂空白的有机相将仪器调零,分别测定标准系列和样品的吸光度,利用标准曲线法求水样中的Cd^{2+}含量。

2. 双硫腙分光光度法

(1) 方法原理

在强碱性溶液中Cd^{2+}与双硫腙生成红色配合物。用氯仿萃取分离后,于518nm波长处进行比色测定,从而求出镉的含量。

(2) 方法适用范围

各种金属离子的干扰均可用控制pH和加入络合剂的方法除去。当有大量有机物污染时,需把水样消解后测定。本方法适用于受镉污染的天然水和废水中镉的测定,最低检出浓度为0.001mg/L,测定上限为0.06mg/L。

(四) 铅的测定

铅的污染主要来自铅矿的开采,含铅金属冶炼,橡胶生产,含铅油漆颜料的生产和使用，蓄电池厂的熔铅和制粉，印刷业的铅版、铅字的浇铸，电缆及铅管的制造，陶瓷的配釉，铅质玻璃的配料以及焊锡等工业排放的废水。汽车尾气排出的铅随降水进入地面水中，亦造成铅的污染。

铅通过消化道进入人体后，即积蓄于骨髓、肝、肾、脾、大脑等处，形成所谓"贮存库"，以后慢慢从中放出，通过血液扩散到全身并进入骨骼，引起严重的累积性中毒。世界上地面水中，天然铅的平均值大约是 $0.5\mu g/L$，地下水中铅的浓度在 $1\sim 60\mu g/L$，当铅浓度达到 $0.1mg/L$ 时，可抑制水体的自净作用。铅进入水体中与其他重金属一样，一部分被水生物浓集于体内，另一部分则随悬浮物絮凝沉淀于底质中，甚至在微生物的参与下可能转化为四甲基铅。铅不能被生物代谢所分解，在环境中属于持久性的污染物。

测定铅的方法有双硫腙分光光度法、原子吸收分光光度法、阳极溶出伏安法。

在 pH 为 $8.5\sim 9.5$ 的氨性柠檬酸盐—氰化物的还原性介质、中，铅与双硫腙形成可被三氯甲烷萃取的淡红色的双硫腙铅螯合物。

有机相可于最大吸收波长 510nm 处测量，利用工作曲线法求得水样中铅的含量，本方法的线性范围为 $0.01\sim 0.3mg/L$。本方法适用于测定地表水和废水中痕量铅。

测定时，要特别注意器皿、试剂及去离子水是否含痕量铅，这是能否获得准确结果的关键。所用 KCN 毒性极大，在操作中一定要在碱性溶液中进行，严防接触手上破皮之处。Bi^{3+}、Sn^{2+} 等干扰测定，可预先在 pH 为 $2\sim 3$ 时用双硫腙三氯甲烷溶液萃取分离。为防止双硫腙被一些氧化物质如 Fe^{3+} 等氧化，在氨性介质中加入了盐酸羟胺和亚硫酸钠。

（五）汞的测定

汞（Hg）及其化合物属于剧毒物质，可在体内蓄积。进入水体的无机汞离子可转变为毒性更大的有机汞，由食物链进入人体，引起全身中毒。

天然水含汞极少，水中汞本底浓度一般不超过 $0.1mg/L$。由于沉积作用，底泥中的汞含量会大一些，本底值的高低与环境地理地质条件有关。我国规定生活饮用水的含汞量不得高于 $0.001mg/L$；工业废水中，汞的最高允许排放浓度为 0.05mg/L，这是所有的排放标准中最严的。地面水汞污染的主要来源是重金属冶炼、食盐电解制碱、仪表制造、农药、军工、造纸、氯碱工业、电池生产、医院等工业排放的废水。

1. 冷原子吸收法

（1）方法原理

汞蒸气对波长为 253.7nm 的紫外线有选择性吸收，在一定的浓度范围内，吸光度与汞浓度成正比。

水样中的汞化合物经酸性高锰酸钾热消解，转化为无机的二价汞离子，再经亚锡离子还原为单质汞，用载气或振荡使之挥发，该原子蒸气对来自汞灯的辐射，显示出选择性吸收作用，通过吸光度的测定，分析待测水样中汞的浓度。

（2）测定要点

①水样的预处理。取一定体积水样于锥形瓶中，加硫酸、硝酸和高锰酸钾溶液、过硫酸钾溶液，置沸水浴中使水样近沸状态下保温1h，维持红色不褪，取下冷却。临近测定时滴加盐酸羟胺溶液，直至刚好使过剩的高锰酸钾褪色及二氧化锰全部溶解为止。

②标准曲线绘制。依照水样介质条件，用 $HgCl_2$ 配制系列汞标准溶液。分别吸取适量汞标准溶液于还原瓶内，加入氯化亚锡溶液，迅速通入载气，记录表头的指示值。以经过空白校正的各测量值（吸光度）为纵坐标，相应标准溶液的汞浓度为横坐标，绘制出标准曲线。

③水样测定。取适量处理好的水样于还原瓶中，与标准溶液进行同样的操作，测定其吸光度，扣除空白值从标准曲线上查得汞浓度，如果水样经过稀释，要换算成原水样中汞（Hg，$\mu g/L$）的含量。

（3）注意事项

①样品测定时，同时绘制标准曲线，以免因温度、灯源变化影响测定准确度；②试剂空白应尽量低，最好不能检出；③对汞含量高的试样，可采用降低仪器灵敏度或稀释办法满足测定要求，但以采用前者措施为宜。

2. 冷原子荧光法

它是在原子吸收法的基础上发展起来的，是一种发射光谱法。汞灯发射光束经过由水样中所含汞元素转化的汞蒸气云时，汞原子吸收特定共振波的能量，使其由基态激发到高能态，而当被激发的原子回到基态时，将发出荧光，通过测定荧光强度的大小，即可测出水样中汞的含量，这就是冷原子荧光法的基础。检测荧光强度的检测器要放置在和汞灯发射光束成直角的位置上。本方法最低检出浓度为 $0.05\mu g/L$，测定上限可达到 $1\mu g/L$，且干扰因素少，适用于地面水、生活污水和工业废水的测定。

二、非金属无机化合物的测定

（一）pH 的测定

天然水的 pH 在 7.2～8 的范围内。当水体受到酸、碱污染后，引起水体 pH 变化，对 pH 的测量，可以估计哪些金属已水解沉淀，哪些金属还留在水中。水体的酸污染主要来自冶金：搪瓷、电镀、轧钢、金属加工等工业的酸洗工序和人造纤维、酸法造纸排出的废水，另一个来源是酸性矿山排水。碱污染主要来源于碱法造纸、化学纤维、制碱、制革、炼油等工业废水。

水体受到酸碱污染后，pH 发生变化，在水体 pH<6.5 或 pH>8.5 时，水中微生物生长受到抑制，使得水体自净能力受到阻碍并腐蚀船舶和水中设施。酸对鱼类的鳃有不易恢复的腐蚀作用；碱会引起鱼鳃分泌物凝结，使鱼呼吸困难，不宜鱼类生存。长期受到酸、碱污染将导致人类生态系统的破坏。为了保护水体，我国规定河流水体的 pH 应在 6.5～9。

测 pH 的方法有玻璃电极法和比色法，其中玻璃电极法基本上不受溶液的颜色、浊度、胶体物质、氧化剂和还原剂以及高含盐量的干扰。但当 pH>10 时，产生较大的误差，使读数偏低，称为"钠差"。克服"钠差"的方法除了使用特制的"低钠差"电极外，还可以选用与被测溶液 pH 相近的标准缓冲溶液对仪器进行校正。

1. 玻璃电极法

(1) 玻璃电极法原理

以饱和甘汞电极为参比电极，玻璃电极为指示电极组成电池，在 25℃ 下，溶液中每变化 1 个 pH 单位，电位差就变化 59.9mV，将电压表的刻度变为 pH 刻度，便可直接读出溶液的 pH，温度差异可以通过仪器上的补偿装置进行校正。

(2) 所需仪器

各种型号的 pH 计及离子活度计、玻璃电极、甘汞电极。

(3) 注意事项

①玻璃电极在使用前应浸泡激活。通常用邻苯二甲酸氢钾、磷酸二氢钾＋磷酸氢二钠和四硼酸钠溶液依次校正仪器，这三种常用的标准缓冲溶液，目前市场上有售；②本实验所用蒸馏水为二次蒸馏水，电导率小于 $2\mu\Omega/cm$，用前煮沸以排出 CO_2；③pH 是现场测定的项目，最好把电极插入水体直接测量。

2. 比色法

酸碱指示剂在其特定 pH 范围的水溶液中产生不同颜色，向标准缓冲溶液中加入指示剂，将生成的颜色作为标准比色管，与加入同一种指示剂的水样显色管目视比色，可测出水样的 pH。本法适用于色度很低的天然水，饮用水等。如水样有色、浑浊或含较高的游离余氯、氧化剂、还原剂，均干扰测定。

(二) 溶解氧的测定

溶解氧就是指溶解于水中分子状态的氧，即水中的 O_2，以 DO 表示。溶解氧是水生生物生存不可缺少的条件。溶解氧的一个来源是水中溶解氧未饱和时，大气中的氧气向水体渗入；另一个来源是水中植物通过光合作用释放出的氧。溶解氧随着温度、气压、盐分的变化而变化。一般说来，温度越高，溶解的盐分越大，水中的溶解氧越低；气压越高，水中的溶解氧越高。溶解氧除了被通常水中硫化物、亚硝酸根、亚铁离子等还原性物质所消耗外，也被水中微生物的呼吸作用以及水中有机物质被好氧微生物氧化分解所消耗。所以说，溶解氧是水体的资本，是水体自净能力的表示。

天然水中溶解氧近于饱和值（9mg/L），藻类繁殖旺盛时，溶解氧呈过饱和。水体受有机物及还原性物质污染可使溶解氧降低，当 DO 小于 4.5mg/L 时，鱼类生活困难。当 DO 消耗速率大于氧气向水体中溶入的速率时，DO 可趋近于 0，厌氧菌得以繁殖使水体恶化。所以，溶解氧的大小，反映出水体受到污染，特别是有机物污染的程度，它是水体污染程度的重要指标，也是衡量水质的综合指标。

测定水中溶解氧的方法有碘量法及其修正法和膜电极法。清洁水可用碘量法，受污染的地面水和工业废水必须用修正的碘量法或膜电极法。

（三）氰化物的测定

氰化物主要包括氢氰酸（HCN）及其盐类（如 KCN、NaCN）。氰化物是一种剧毒物质，也是一种广泛应用的重要工业原料。在天然物质中，如苦杏仁、枇杷仁、桃仁、木薯及白果，均含有少量 KCN。一般在自然水体中不会出现氰化物，水体受到氰化物的污染，往往是由于工厂排放废水以及使用含有氰化物的杀虫剂所引起，它主要来源于金属、电镀、精炼、矿石浮选、炼焦、染料、制药、维生素、丙烯腈纤维制造、化工及塑料工业。

人误服或在工作环境中吸入氰化物时，会造成中毒。其主要原因是氰化物进入人体后，可与高铁型细胞色素氧化酶结合，变成氧化高铁型细胞色素氧化酶，使之失去传递氧的功能，引起组织缺氧而致中毒。

测定氰化物的方法主要有硝酸银滴定法、分光光度法、离子选择电极法等。测定之前，通常先将水样在酸性介质中进行蒸馏，把能形成氰化氢的氰化物蒸出，使之与干扰组分分离。常用的蒸馏方法有以下两种。

1. 酒石酸—硝酸锌预蒸馏

在水样中加入酒石酸和硝酸锌，在 pH 约为 4 的条件下加热蒸馏，简单氰化物及部分配位氰（如 [Zn(CN)$_4$]$^{2-}$）以 HCN 的形式蒸馏出来，用氢氧化钠溶液吸收，取此蒸馏液测得的氰化物为易释放的氰化物。

2. 磷酸—EDTA 预蒸馏

向水样中加入磷酸和 EDTA，在 pH<2 的条件下，加热蒸馏，利用金属

离子与 EDTA 配位能力比与 CN⁻强的特性，使配位氧化物离解出 CN⁻，并在磷酸酸化的情况下，以 HCN 形式蒸馏出。此法测得的是全部简单氰化物和绝大部分配位氰化物，而钴氰配合物则不能蒸出。

（四）氨氮的测定

水中的氨氮是指以游离氨（NH_3）和铵离子（NH_4^+）形式存在的氮，两者的组成比决定于水的 pH，当 pH 偏高时，游离氨的比例较高，反之，则铵盐的比例高。水中氨氮来源主要为生活污水中含氮有机物受微生物作用的分解产物，某些工业废水，如石油化工厂、畜牧场及它的废水处理厂、食品厂、化肥厂、炼焦厂等排放的废水及农田排水、粪便是生活污水中氮的主要来源。在有氧环境中，水中氨可转变为亚硝酸盐或硝酸盐。

我国水质分析工作者，把水体中溶解氧参数和铵浓度参数结合起来，提出水体污染指数的概念与经验公式，用以指导给水生产和作为评价给水水源水质优劣标准，所以氨氮是水质重要测量参数。氨氮的分析方法有滴定法、纳氏试剂分光光度法、苯酚一次氯酸盐分光光度法、氨气敏电极法等。

（五）亚硝酸盐氮的测定

亚硝酸盐是含氮化合物分解过程的中间产物，极不稳定，可被氧化成硝酸盐，也易被还原成氨，所以取样后立即测定，才能检出 NO_2^-。亚硝酸盐实际是亚铁血红蛋白症的病原体，它可与仲胺类（RRNH）反应生成亚硝胺类（RRN－NO），已知它们之中许多具有强烈的致癌性。所以 NO_2^- 是一种潜在的污染物，被列为水质必测项目之一。

水体亚硝酸盐的主要来源是污水、石油、燃料燃烧以及硝酸盐肥料工业、染料、药物、试剂厂排放的废水。淡水、蔬菜中亦含有亚硝酸盐，含量不等，熏肉中含量很高。亚硝酸盐氮的测定，通常采用重氮偶合比色法，按试剂不同分为 N－（1－萘基）—乙二胺比色法和 α—萘胺比色法。两者的原理和操作基本相同。

在 pH 为 1.8＋0.3 的磷酸介质中，亚硝酸盐与对氨基苯磺酰胺反应，生成重氮盐，再与 N－（1－萘基）—乙二胺二胺偶联生成红色染料，于 540nm 处进行比色测定。

本法适用于饮用水、地面水、地下水、生活污水和工业废水中亚硝酸盐氮的测定。最低检出浓度为 0.003mg/L，测定上限为 0.20mg/L。

必须注意的是下面两点：

（1）水样中如有强氧化剂或还原剂时则干扰测定，可取水样加 $HgCl_2$ 溶液过滤除去。Fe^{3+}，Ca^{2+} 的干扰，可分别在显色之前加 KF 或 EDTA 掩蔽。水样如有颜色和悬浮物时，可于 100mL 水样中加入 2mL 氢氧化铝悬浮液进行脱色处理，滤去 $Al(OH)_3$ 沉淀后再进行显色测定。

（2）实验用水均为不含亚硝酸盐的水，制备时于普通蒸馏水中加入少许 $KMnO_4$ 晶体，使呈红色，再加 $Ba(OH)_2$ 或 $Ca(OH)_2$ 使成碱性。置全玻璃蒸馏器中蒸馏，弃去 50mL 初馏液，收集中间约 70% 不含锰的馏出液。

（六）硝酸盐氮的测定

硝酸盐是在有氧环境中最稳定的含氮化合物，也是含氮有机化合物经无机化作用最终阶段的分解产物。清洁的地面水硝酸盐氮含量较低，受污染水体和一些深层地下水中含量较高。制革、酸洗废水、某些生化处理设施的出水及农田排水中常含大量硝酸盐。人体摄入硝酸盐后，经肠道中微生物作用转变成亚硝酸盐而呈现毒性作用。

水中硝酸盐的测定方法有酚二磺酸分光光度法、镉柱还原法、戴氏合金还原法、紫外分光光度法和离子选择电极法。

紫外分光光度法多用于硝酸盐氮含量高、有机物含量低的地表水测定。该方法的基本原理是采用絮凝共沉淀和大孔型中性吸附树脂进行预处理，以排除天然水中大部分常见有机物、浑浊和 Fe^{3+}、$Cr(Ⅳ)$ 对本法的干扰。利用 NO_3^- 对 220nm 波长处紫外线选择性吸收来定量测定硝酸盐氮。离子选择电极法中的 NO_3^- 离子选择电极属于液体离子交换剂膜电极，这类电极用浸有液体离子交换剂的惰性多孔薄膜作为传感膜，该膜对溶液中不同浓度的 NO_3^- 有不同的电位响应。

第四章 大气污染与防治工程

第一节 大气圈与污染气象

一、大气圈

(一) 大气圈的结构

自然地理学关于大气圈的定义为由于地心的引力而随地球旋转的大气层。大气层即围绕地球周围的混合气体,又称大气环境。大气圈的厚度为2000~3000km,其组分和物理性质在垂直方向上有显著差异,据此可按大气在各高度的特征分为若干层次。按温度垂直变化的特点分,自下而上分别为对流层、平流层、中间层、热层和逸散层。

1. 对流层

对流层是大气圈的最低层,其平均厚度在低纬度地区为17~18km,中纬度地区为10~12km,高纬度地区为8~9km。对流层是与一切生物关系最密切的一个层次,大气污染现象主要发生在这一层靠近地面的1~2km范围内。

(1) 对流层的特征

对流层有以下三个基本特征:

①空气温度随高度的增加而减小。平均每增高100km,气温降低约0.65℃。因为对流层主要依靠地面的长波辐射增热,愈近地面空气受热愈多,故温度较高。

②空气对流显著。因受热不均匀,气温下高上低,从而导致该层空气的垂直方向上易发生对流运动。对流强度随纬度和季节而异,在低纬度一般有较强的对流作用。空气的对流使高层与低层空气得到交换,近地面的热量、水气和杂质通过对流向上运输。

③天气现象复杂多变。对流层受地表的影响最大,其温度和湿度的水平分布不均匀,于是产生一系列物理过程,形成复杂的天气现象。

(2) 对流层的划分

根据温度、湿度和气流运动及天气状况等的差异,可将对流层划分为三层:

①下层(大气边界层或摩擦层)。底部与地表相接,上界大致为1~2km。该层气流运动受地表摩擦力作用强,大气热量和动量交换显著,对整个大气运动和天气演变起重要作用。它是人类活动和植物生长的重要场所,又对人类和生物产生最直接的影响。人类活动和许多自然过程产生的大气污染均出现在该层大气之中。

②中层。下界为边界层顶,上界大约在6km。该层受地面影响较小,大气中的云和降水多出现在这一层。

③上层。从6km高度伸展到对流层顶部。此层水汽含量很小,气温常在0℃以下,这里的云由冰晶或过冷水滴组成。

在对流层和平流层间有一过渡层,厚约几百米或1~2km,称对流层顶。对流层顶内是等温或逆温,对气体对流起阻挡作用,被称作"太阳能蒸锅冷凝器",阻止了地球水分的净损耗。

2. 平流层

从对流层顶到55km左右的大气层为平流层。在平流层下部,气温随高度的变化很小。到25km高度以上时,由于臭氧含量增多,吸收了大量的紫外线,因此这里升温很快,并在大致50km高空形成一个暖区。到平流层顶,气温升至−17~−3℃。平流层内水汽和尘埃含量很少,没有对流层的天气现象,气流运动相当平稳,并以水平运动为主。

平流层中臭氧浓集的气层称为臭氧层。臭氧层位于10~50km的高空,在 22~25km 的高空臭氧浓度达最大值（约 $3.8\times10^4 g/m^3$）。臭氧层的存在对中层大气的热状况有重要影响，它能吸收绝大部分的太阳紫外线辐射（波长 $0.2\sim0.3\mu m$），使平流层加热并阻挡强紫外线辐射到地面，对人类和生物起重要的保护作用。

3. 中间层

从平流层顶到 85km 高空的大气层是中间层。该层内臭氧稀少，氮、氧等气体所能直接吸收的波长更短的太阳辐射已被上层大气吸收，因此该层大气的气温随高度的增加而迅速下降，至层顶气温降至 $-83℃$ 以下。中间层水汽极少，仍有垂直对流运动，故又称为高空对流层或上对流层。

4. 热层

从中间层顶到 500km 高空的大气层是热层。该层因直接吸收太阳辐射而获得能量，故气温随高度增加而急剧升高。据人造卫星观测，在 300km 高度上，气温可达 1000℃ 以上，故称为热层。热层气温有显著的日变化和季节变化，昼夜温差达几百摄氏度。主要的吸收气体是分子氧和原子氧。在宇宙高能射线和太阳辐射的作用下，热层大气处于高度电离状态，故又称电离层。电离层能反射电磁波，对短波或超短波、无线电通信有重要意义。

5. 逸散层

500km 以上的大气层是逸散层，又称外大气层。它是大气圈与星际空间的过渡地带，气温随高度的增加而升高。由于空气十分稀薄，受地球引力作用小，一些高速运动的大气质点就会逸散到星际空间。人类制造的太空垃圾对星际空间环境是一种污染。

（二）大气的组成

大气是由多种气体组成的混合物，其中含有一些悬浮的固体杂质和液体微粒。大气的密度随着高度的增加逐渐降低。虽然对流层厚度不及大气总厚度的 1%，但它集中了整个大气圈 3/4 的质量和几乎全部的水蒸气。而热层的空气质量仅占大气总质量的 0.05%。大气各层次的主要化学形态见表 4-1。

表 4-1　　　　　　　　大气主要层次及其主要化学形态

层次	温度范围/℃	主要化学形态
对流层	-56~15	N_2，O_2，CO_2，H_2O
平流层	-56~-2	O_3
中间层	-92~-2	NO^+，O_2^+
热层	-92~1200	NO^+，O_2^+，O^+

大气中除水汽、液体和固体杂质外的整个混合气体称为干洁空气。其中，氮、氧、氩三种组分共占大气总体积的 99.9%。在从地球表面向上大约到 85km 这段大气层（均质层）里，这些气体组分的含量几乎可以认为是不变的。大气中的可变组分主要指 CO_2、水蒸气和 O_3 等。大气的自然化学组成见表 4-2。

表 4-2　　　　　　　　大气的自然化学组成

大气中气体组分	大气中的总量/t	大气中气体组分	大气中的总量/t
N	$4.0×10^{15}$	NO	$4.0×10^6$
O	$1.2×10^{15}$	NO_2	$4.0×10^6$
H_2O (g)	$1.4×10^{14}$	N_2O	$2.0×10^6$
Ar	$0.60×10^{14}$	SO_2	$4.0×10^7$
Ne	$3.0×10^9$	CO	$4.0×10^7$
He	$8.9×10^{10}$	CO_2	$2.3×10^{12}$
Kr	$1.6×10^{10}$	H_2S	$4.0×10^7$
H	$3.0×10^9$	NH_3	$2.0×10^7$
Xe	$2.2×10^9$	CH_4	$3.4×10^9$
O_3	$3.2×10^9$	HCHO	$2.0×10^7$
Rn	0.0035	共计	$5.3×10^{15}$

在距地表 20km 以下的大气中，CO_2 的含量约为 0.03%（人口稠密地区为 0.05%~0.07%），高空显著减少。CO_2 主要来自于火山喷发、动植物的呼吸以及有机物的燃烧和腐败等。大气中的水蒸气主要来自海洋、江河、湖泊以及其他潮湿物体表面的蒸发和植物蒸腾。大气中的水汽含量变化较大

（0%～4%，体积分数）。一般来说，大气中的水蒸气随高度的增加而减少（到5km高度时为地面的1/10）。空气中的水蒸气可发生气、液、固三态的转化。悬浮于大气中的固体杂质包括烟粒、尘埃、盐粒等，多分布于低层大气中。这些固体微粒包括：土壤和岩石表层风化及粉碎形成的地面尘；火山爆发喷出的火山尘；森林、泥炭、草原火灾产生的烟尘；暴风雨溅起海水形成的细小的海盐微粒，以及来自宇宙空间的宇宙尘埃等。除无机粒子外，大气中还有微小的微生物、真菌、细菌、孢子等。

从外观看，大气似乎是一个成分和含量固定的稳定体系，但它其实是一个十分活跃的流动体系：一方面，其内部的各种化学反应、生物活动、水活动、放射性衰变及工业活动等不断产生许多物质进入大气；另一方面，又因化学反应、生物活动、物理过程及海洋、陆地吸收而不断迁出大气，构成一个循环体系。气体组分在大气中的平均停留时间少则几小时，多则达百年以上，这与这些组分的性质、在大气中的储量以及迁出或循环的途径有关。如NO_2在大气中的停留时间不到1个月，而惰性气体的停留时间为1.0×10^7年以上。

二、污染气象

污染物排入大气后能否引起严重的大气污染，一方面取决于污染源的状况，另一方面取决于污染物在大气中的扩散稀释速率。当一定数量的污染物排入大气后，如果在近地层大气中不易扩散而聚积，就可能造成严重的污染。气象条件是影响大气污染物扩散的重要因素，主要包括气象动力因子和气象热力因子。

（一）气象动力因子

气象动力因子主要指风和湍流，是污染物在大气中迁移和扩散的决定性因素。气象学上把空气水平方向的运动称为风，铅直方向的运动称为升降气流或对流。通常所说的风向、风速都是指安装于距地面10～12m高度上的测风仪所观测到的一定时间的平均值。风不仅对污染物起输送的作用，而且起着扩散和稀释的作用。一般来说，污染物在大气中的浓度与污染物排放总量成正比，与平均风速成反比。因此，在城市规划设计中，通过调查当地的主导风向，居民区应位于大气污染源或工业区的上风向。

实际大气的运动既不是单纯的垂直对流运动，也不是单纯的水平运动，而总是表现为湍流的形式。大气湍流是指大气做无规则、阵发性搅动的流体状态，是由各种尺度的涡旋连续分布叠加而成的。在大气边界层内，可观测到最大尺度涡旋约为数百米，而最小尺度约为 1mm。

（二）气象热力因子

1. 温度层结与逆温

温度层结是指在地球表面气温随高度变化的情况，通常用气温垂直递减率（γ）表示。气温垂直递减率定义为 $\gamma = -(dT/dz)$，整个对流层气温垂直递减率平均值为 0.65℃/100m。但实际上，大气边界层的气温变化非常复杂，γ 常出现等于零或小于零的情况。$\gamma = 0$ 表示气温不随高度而变化；$\gamma < 0$ 则表示气温随高度增加而上升，这与标准大气情况下的气温分布相反，称为逆温。

某一空气块在地表附近做水平运动时，它与地表间的热量交换较大，其温度变化主要由热交换引起，称为非绝热变化。但当该空气块在大气中上升时，因周围气压降低而膨胀，一部分内能用于反抗外界压力而做膨胀功，因而它的温度降低；反之，当它下降时，温度将升高。空气块在升降过程中因膨胀或压缩引起的温度变化要比它和外界热交换引起的温度变化大得多，所以一般将干空气块或没有气、液相变的湿空气气块的铅直运动近似当作绝热过程。对于一个干燥或未饱和的湿空气气块，在大气中绝热上升时，每 100m 降温约 0.98℃，这一现象与周围温度无关，被称为气温的干绝热递减率，用 γ_d 表示。

具有逆温层的大气层是非常稳定的大气层。某一高度上的逆温层像一个盖子一样阻挡着其下面污染物的扩散，因而可能造成严重的污染。逆温的形成有以下多种原因：

（1）辐射逆温

由于地面辐射冷却而形成的逆温称为辐射逆温。在晴朗无云或少云、风速不大的夜间，地面很快冷却，近地面气层降温快，而上层大气降温缓慢，因而形成自地面向上的辐射逆温。

(2) 锋面逆温

在对流层中，当冷、暖两种气团相遇时，暖气团由于密度小而位于冷气团之上，两者之间形成一个倾斜的锋面，形成锋面逆温。

(3) 地形逆温（平流逆温）

这种逆温是由局部地区的特殊地形所致。例如在盆地或山谷中，当日落时，由于山坡散温较快，使坡面上空气温度较低，这种冷空气沿山坡下沉，使盆地或谷地中部温度较高的暖气团抬升，从而形成山谷逆温。当冬季中纬度沿海地区海上暖气流流到大陆地面上，下层空气受地面影响降温多，上层为暖气流，温度较高，由此形成海陆逆温。

(4) 下沉逆温

当高压区内某一空气发生下沉运动时，因气压增大，以及气层向水平方向的辐散，其厚度减小。这样气层顶部要比气层底部下沉的距离大，因而顶部绝热增温比底部多，从而形成逆温。

2. 大气稳定度

大气稳定度表示空气块在铅直方向的稳定程度，即是否易于发生对流。假如有一空气块受到气流冲击力的作用产生了上升或下降的运动，当外力除去后可能出现三种情况：如气块减速并有返回原有高度的趋势，这时的气层对于该气块而言是稳定的；如气块离开原位就逐渐加速运动，并有远离原有高度的趋势，这时的气层对于气块而言是不稳定的；如气块被推到某一高度后既不加速也不减速，这时的气层对于该气块而言是中性稳定的。

(1) 大气稳定度的判断

大气稳定度与气温的垂直递减率和干绝热递减率有密切关系。可用气块理论讨论大气稳定度的判别问题。所谓气块理论判别大气稳定度，就是在大气中假想割取出与外界绝热密闭的气块，根据其受力的作用产生垂直方向运动时此气块在大气中所处的运动状态来判别大气稳定度。假设环境 $\gamma = 0.5℃/100m$（$\gamma < \gamma_d$），而且在 200m 高度环境气温为 12℃，那么 300m 高

度的环境气温为 11.5℃。当由于某种气象因素作用迫使气块做垂直运动，如把 200m 处割取的绝热气块（此时气块的温度为 12℃）推举到 300m 时，气块内部温度按 $\gamma=\gamma_d$ 递减为 11℃（γ_d 按 1℃/100m 作近似计算），此时气块温度较环境温度低，气块内部的密度大于外界环境大气密度，因此气块有下降的趋势，也就是说，受外力推举上升的气块要下沉，力争恢复到原来位置。同理，在这种条件下，如果绝热气块被外力压到 100m 高度，此时气块内部的温度为 13℃，而环境大气温度为 12.5℃，气块密度小于外界大气密度，因此有上升趋势，同样力争恢复到原来位置。大气的这种状态称为稳定状态。因此，当 $\gamma<\gamma_d$ 时，可判断为大气稳定。如果环境的 $\gamma>\gamma_d$，则情况与上述正好相反，绝热气团有背离原来位置的运动趋势。大气的这种状态称为不稳定状态。当 $\gamma=\gamma_d$ 时，大气中性稳定。

（2）大气稳定度与大气污染状况的关系

大气的污染状况与大气稳定度有密切的关系。为了能直观地说明大气稳定度对污染物扩散的影响，可以一个连续排放的高架烟云为例。高架源排烟的烟云有五种典型的烟流状态：

①翻卷型（波浪型）。出现于全层不稳定的大气层中，烟流上下波动很大，在高架源近距离处地面会出现高浓度污染。晴朗的白天和午后易出现。

②锥型。出现在大气层全层中性或弱稳定时，烟流扩散成圆锥形，地面高浓度出现的地点比波浪形远。阴天常出现。

③长带型。大气层全层强稳定时出现，烟流在铅直方向的扩散受到抑制，厚度较小，在空中俯视时烟流扩展成扇形。晴朗的夜间常出现。污染源高时，近处污染较轻；污染源低时，近处污染较重。

④屋脊型（上扬型）。大气层上层不稳定、下层稳定时出现。烟流在逆温层之上扩展为屋脊型，向下的扩散受到抑制，地面浓度较低。常在日落前后形成。

⑤熏烟型（漫烟型）。大气层上层稳定、下层不稳定时出现。烟流向上扩散受到抑制，只能在地面至逆温层间扩散，造成极高浓度。早上约 9～10 点钟辐射逆温层从烟流下界消退到上界过程中出现。

以上分析仅考虑了大气稳定度与烟流的关系，由于还有动力学因素和地面粗糙度的影响，实际的烟流状况要更加复杂多样。上层逆温稳定的熏烟型是最为不利扩散的气象条件，近地面污染最严重。

第二节 大气污染

一、大气污染概述

大气污染通常是指由于人类活动和自然过程引起某种物质进入大气中，呈现出足够的浓度、达到足够的时间，并因此而危害人群的舒适、健康和福利或危害环境的现象。自然活动通常指自然界的火山爆发、森林火灾、海啸、地震等灾害。这些自然活动可造成一定空间范围的暂时性大气污染。一般来说，自然环境所具有的物理、化学和生物机能会使自然过程中造成的大气污染经过一定时间后自动消除，从而使生态平衡自动恢复。人类活动包括生活活动和生产活动两方面。由于人类活动所产生的某些有害颗粒物和废气进入大气层会给大气增添许多外来组分。人为的污染物通常是集中、连续排放的，导致污染物局部浓度高而造成严重的危害，因此受到人们的关注。大气污染防治的主要对象是工业生产活动。

二、主要大气污染物及其来源

根据污染物的存在状态，大气污染物可分为两大类：颗粒污染物和气态污染物。对于气态污染物，又可分为一次污染物和二次污染物。一次污染物是指从各类污染源直接排放的污染物质。某些大气污染物化学性质不稳定，在大气中常与其他物质发生化学反应，从而形成二次污染物。在我国的大气环境中，具有普遍影响的污染物最主要的来源是燃料燃烧。

（一）大气污染物

1. 颗粒污染物

气溶胶：指以固体颗粒或液体颗粒为分散相，以气体为分散介质的稳定体系。从整体来看，可以将人类所处的大气环境当作一个庞大的气溶胶体系。气溶胶的微观结构通常包括不溶性的内核和核外水溶液（如在潮湿的空气中），水溶液外表面通常又覆盖一层有机物膜。气溶胶的组成非常复杂，因地而异。存在的形态有硫酸盐、硝酸盐、有机化合物及多种微量元素的氧化物或盐类。

烟雾：是煤烟和雾两字的合成词，原意是空气中的煤烟与自然的雾结合形成的混合物，目前泛指固、液混合态气溶胶，如硫酸烟雾和光化学烟雾。雾一般指小液体粒子的悬浮体，它可能是由液体蒸汽的凝结、液体的雾化以及化学反应等过程形成的，如水雾、酸雾、碱雾、油雾等，雾滴的粒径范围在 $200\mu m$ 以下。

粉尘：通常是在固体物质的破碎、分级、研磨等机械过程中或土壤、岩石风化等自然过程中形成的固体粒子。煤、矿石或其他固体物料在运输、机械加工或风扬尘等过程会产生粉尘污染。粉尘的粒径在 $1\sim 200\mu m$ 之间。在空气质量测定中，总悬浮颗粒物（TSP）指大气中粒径小于 $100\mu m$ 的所有固体颗粒。粒径大于 $10\mu m$ 的粒子能在重力作用下于较短的时间内沉降到地面，称为降尘；粒径小于 $10\mu m$ 的粒子能长期漂浮于大气中，称为飘尘，又称为可吸入颗粒物（PM_{10}），其中粒径小于 $2.5\mu m$ 的称为细粒子（$PM_{2.5}$）。

烟尘：通常指冶金过程中形成的固体粒子的气溶胶。在工业生产过程中总是伴有氧化反应，熔融物质挥发后生成的气态物质冷凝时便生成各种烟尘。但在实际工作中，烟尘通常指燃料燃烧所产生的固体粒子。

飞灰：指燃料燃烧后产生的被烟气带走的灰分中分散的较细粒子。灰分是含碳物质燃烧后残留的固体残渣。

2. 气态污染物

气态污染物的种类极多，已经过鉴定的气态污染物有 100 多种，其中包括由污染源直接排入大气的一次污染物和由一次污染物经过化学或光化学反应生成的二次污染物。气态污染物主要有五类：以 SO_2 为主的含硫化合物、碳氧化物、以 NO_x 为主的含氮化合物、碳氢化合物及卤素化合物等，见表 4—3。

表 4-3　　　　　　　　　气态污染物的种类

污染物	一次污染物	二次污染物
含硫化合物	SO_2，H_2S	SO_3、H_2SO_4、硫酸盐（XSO_4）
碳氧化物	CO，CO_2	无
含氮化合物	NO_x，NH_3	NO_2、HNO_3、硝酸盐（MNO_3）、O_3
碳氢化合物	C_mH_n	醛、酮、过氧乙酰硝酸酯（PAN）
卤素化合物	HF，HCl	无

污染物在大气中会发生一系列迁移和复杂的化学转化过程，在大气中停留一定的时间后，最终通过干、湿沉降到地面。

大气中的含硫化合物主要包括硫化氢（H_2S）、SO_2、SO_3和硫酸盐（XSO_4）等，其中SO_2和XSO_4是主要的大气污染物。来源于有机物腐烂和硫酸盐生物还原的H_2S一旦进入大气即会迅速转变成SO_2；煤燃烧是SO_2的主要人为来源，煤中的硫大约一半以黄铁矿的形式存在，另一半为有机硫。SO_2在大气中的化学转化过程非常复杂，并受到温度、湿度、光强度、大气输送和颗粒物表面特征等许多因素的影响。过氧化氢（H_2O_2）、自由基$HO·$或O_3等氧化剂可将SO_2氧化为SO_3或SO_4^{2-}。实验研究表明，Fe^{2+}，Fe^{3+}，Ni^{2+}，Cu^{2+}，尤其是Mn^{2+}能催化这一氧化过程。

以氮氧化物（NO_x）为例：NO_x包括NO，NO_2，NO_3，N_2O，N_2O_4，N_2O_5等。从污染源直接排放的氮氧化物主要以NO为主，由于NO在空气中不稳定，很快被氧化为NO_2。随后在空气中与自由基、臭氧发生一系列光化学反应，生成许多二次污染物。这些污染物在大气颗粒物及水蒸气存在的条件下又形成硝酸盐气溶胶及酸性的云沉降到地面。

危害较大的二次污染物是硫酸烟雾和光化学烟雾。硫酸烟雾是大气中的含硫化合物在有水雾、含有重金属的飘尘或氮氧化物存在时，发生一系列化学或光化学反应而生成的硫酸雾或硫酸盐气溶胶。光化学烟雾是汽车尾气中的NO_x、碳氢化合物在阳光照射下发生的一系列光化学反应而生成的蓝色烟雾，其主要成分有O_3、酮类、醛类及过氧乙酰硝酸酯（PAN）等。

(二) 大气污染源

大气污染物的来源包括自然过程和人类活动两个方面。人类活动排放的污染物主要包括：燃料燃烧、工业生产过程及交通运输三个方面。前两者称为固定源，后者称为流动源。

根据大气污染源的几何形状和排放方式，污染源还可分为点源、线源和面源。通常将工厂烟囱当作高架连续排放点源；将直线排列的烟囱、汽车流量较大的高速公路、飞机沿直线飞行喷洒农药等作为线源；将稠密居民区中家庭的炉灶和大楼的取暖排放当作面源。在大气污染治理过程中可根据污染源的不同类型进行污染预防与控制。

三、全球性大气环境问题

大气污染发展至今已经超越了国界的限制，成为全球性的环境问题。目前，困扰世界的全球性大气污染问题主要包括全球性气候变化、臭氧层破坏和酸沉降。要解决这些问题，需要国际间的合作，无论是发达国家还是发展中国家都应为此努力做出贡献，在公平合理的原则上承担各自的责任和义务。

（一）温室效应及气候变化

温室效应是由于大气中某些气体含量增加，导致地球平均气温上升的现象。温室气体是指对太阳短波辐射吸收极少，对地表长波辐射有强烈吸收的二氧化碳、甲烷、一氧化二氮、氟氯烃和臭氧等30余种气体。

太阳的光通量为 $1340W/m^2$。进入地球大气层的太阳辐射约一半到达地表，剩余的一半或直接反射回太空，或被大气吸收后再反射回太空。到达地表的太阳辐射大部分被吸收，为了保持热平衡，这部分能量最终也全部返回太空。进入地球的太阳辐射波长在可见区 $0.2\sim3\mu m$ 之间，最大强度在 $0.5\mu m$ 处；地表发出的辐射波长处于红外区 $2\sim40\mu m$ 之间，最大强度约在 $10\mu m$ 处。由于水分子和 CO_2 气体能吸收大部分地表红外辐射并将其中大约一半返回地面，所以地表的平均温度才能维持在15℃，否则地球表面的温度将平均为−18℃左右。水分子在 $7\sim8.5\mu m$ 和 $11\sim14\mu m$ 区域有弱吸收，CO_2 在 $12\sim16.3\mu m$ 之间有强吸收，因而在维持热平衡方面起关键作用。然而，维持地球热平衡的机制极其复杂，人们并没有完全了解。

二氧化碳、甲烷、黑炭颗粒物、卤烃和一氧化二氮都是温室效应的主要污染源。由于化石燃料的过量使用，目前全球 CO_2 的量显著增加。多数科学家认为，如果任意利用矿物燃料，后果是全球性的环境灾难。温室效应可能的后果包括气候变暖、海平面上升、水平衡变化、原有生态平衡被打破、影响热带气旋、影响农业生产等。由温室效应造成的升温使高纬度区增温大，低纬度区增温小；降水则是低纬度区降水量增加，中纬度区夏季降水量减少。包括我国北方在内的中纬度地区降水将减少，加上升温使蒸发量加大，气候将趋于干旱化。海平面上升会破坏沿海生态系统，沿海沼泽地消失。另外，还可能引起某些害虫和有害病菌的致病力加强。

随着经济的持续增长，我国已于21世纪成为世界第一温室气体排放国，因此节能减排和发展低碳经济成为当前的重要任务。

（二）臭氧层破坏

对于臭氧层破坏的原因，科学家有多种见解。臭氧空洞出现在两极，是极地低温造成的；但是多数科学家认为，人类过多使用氟氯烃类（CFCs）物质是臭氧层破坏的一个主要原因。影响臭氧层的化学物质进入大气层的途径列于表4－4中。主要由于 Cl 原子作为催化剂参与了臭氧分子的分解反应：

$$Cl· + O_3 \rightarrow ClO· + O_2 \qquad (4-1)$$

$$ClO· + O \rightarrow Cl· + O_2 \qquad (4-2)$$

总反应：

$$O_3 + O \rightarrow 2O_2 \qquad (4-3)$$

表4－4　　　　　　　　大气中影响臭氧层物质的来源

化学物质	来源
CFC－11（$CFCl_3$），CFC－12（CF_2Cl_2）	用于火箭的燃料气溶胶、制冷剂、发泡剂及溶剂
CFC－22（$CHClF_2$）	制冷剂
CFC－113（$C_2Cl_3F_3$）、一氯甲烷（CH_3Cl）	溶剂
四氯化碳（CCl_4）	生产 CFCs 及粮食熏蒸处理

续表

化学物质	来源
哈龙 1301（CBrF$_3$）、哈龙 1211（CF$_2$ClBr）	灭火器
氮氧化物（NO$_2$）、二氧化碳（CO$_2$）	工业活动副产物、化石燃料燃烧
甲烷（CH$_4$）	农业及采矿活动释放

臭氧层被破坏后，照射到地面的紫外线 B 段辐射（UV－B）将增强。UV－B 辐射会损坏人的免疫系统，使患呼吸道系统的传染病人增多，受到过多的 UV－B 辐射还会增加皮肤癌和白内障的发病率。UV－B 的增加对水生生物系统也有潜在的危险，一般来说，紫外辐射使植物叶片变小，因而减少捕获阳光进行光合作用的有效面积，有时植物的种子也会受到影响。对大豆的研究表明，紫外辐射会使其更易受到杂草和病虫害的损害。臭氧层厚度减少 25%，可使大豆减产 20%～25%。此外，紫外辐射的增加还会使一些市区的烟雾加剧，使塑料老化、油漆褪色、玻璃变黄、车顶脆裂。

（三）酸沉降

酸沉降包括湿沉降和干沉降。湿沉降通常是指 pH 低于 5.6 的降水，包括雨、雪、霜、雹、雾和露等各种降水形式。干沉降是指大气中的所有酸性物质转移到大地的过程。

酸沉降以不同的方式危害着水生生态系统、陆生生态系统、材料和人体健康。酸雨会使湖泊变成酸性，水生生物死亡。酸雨加速了许多用于建筑结构、桥梁、水坝、工业装备、供水管网、地下储罐、水轮发电机和通信电缆等材料的腐蚀。

酸雨的形成机制比较复杂。人为源和天然源排放的硫化合物和氮化合物进入大气后，要经历扩散、转化、运输以及被雨水吸收、冲刷和清除等过程。气态的 SO$_2$ 和 NO$_2$ 在大气中可以被氧化成不易挥发的硫酸和硝酸，并溶于云滴或雨滴中而成为降水成分。酸雨的形成过程可分为"成雨"和"冲刷"两部分。在"成雨"过程中，排入大气的 SO$_2$ 和 NO$_2$ 等酸性气体在气相被氧化后，与云层中的雨滴作用形成酸性雨；排入大气的酸性气体也可以通过液相氧化形成酸性雨，即 SO$_2$ 和 NO，与氧化性物质同时被微小雨滴吸收后发生氧化反应；水蒸气也可冷凝在酸性气溶胶凝结核上形成酸性雨。在雨降落的过程中，酸性气体或气溶胶可能被雨滴吸着而带到地面，即所谓冲刷。控制酸雨的主要途径是减少 SO_2 和 NO_x 等酸性气体的排放。

第三节　大气污染防治

一、大气污染防治概述

大气污染的防治是一个庞大的系统工程，基本的思想是采用法律、行政、经济和工程技术相结合的措施进行综合防治。从整个区域大气污染状况出发，统一规划、合理布局，综合应用各种防治污染的措施，充分利用环境的自净能力，从而有效控制大气污染。

对大气污染进行综合防治，首先，严格环境管理，使立法、监测、执法三者构成完整的环境管理体制。其次，控制城市和工业区的大气污染，必须在制订区域性经济和社会发展规划的同时做好环境规划或建设项目的环境影响评价，采取区域性综合防治措施。最后，应用技术措施控制大气污染，主要包括以下几个方面：

第一，改善能源结构，积极开发新能源和可再生能源，如太阳能、风能、生物质能、海洋能、小水电及地热能等。

第二，提高能源的利用率，对燃料进行预处理，推广清洁煤技术。

第三，实行清洁生产，推广循环经济。包括改革生产工艺，优先采用无污染或少污染的工艺路线、原料路线和设备；加强企业管理开展综合利用，企业内部或各企业间相互利用原材料和废弃物实现废物资源化、产品化，减少污染物的排放。

第四，对烟气进行净化处理。目前有些生产过程还很难达到不产生污染，当污染物排放浓度或排放总量达不到排放标准时，必须对废气进行净化处理。以燃煤电厂的大气污染控制系统为例，控制大气污染的技术包括污染物控制技术和污染物生成控制两大部分，其中污染物控制技术可分为颗粒污染物控制技术（除尘技术）和气态污染物控制技术。

二、除尘技术

首先应对烟尘生成量进行控制。燃料种类不同，烟尘产生的情况也不同，扩散燃烧时，气体燃料中的 C/H 比愈大，产生的黑烟数量愈多，碳氢化合物中的碳原子数愈多，愈容易产生炭黑。液体燃料产生黑烟由少到多的顺序是：轻油→中油→重油→煤焦油。固体燃料不完全燃烧时，同样产生炭黑。固体燃料中灰分形成的粉尘一般数量较大，对一定形式的燃烧设备，灰分变成飞灰的份额基本一定，因此煤质愈差，灰分含量愈高，粉尘浓度愈高。此外，实践证明，如果将碳氢化合物燃料与足够的氧气混合，能够防止烟尘的产生。

当燃料一定时，促进燃料的完全燃烧是减少烟尘量的主要措施。保证燃料完全燃烧的条件是：第一，适宜的过剩空气系数。燃烧时，如果空气供应不足，燃烧就会不完全；相反，如果空气量过大，则会降低炉温，增加锅炉的排烟损失。因此，按燃烧不同阶段供给相适应的空气量是十分必要的。第二，改善燃料与空气的混合。燃料和空气的充分混合可减少烟尘量和不完全燃烧产物。混合程度取决于湍流状态。对于蒸气相的燃烧，湍流可加速液体的蒸发；对于固体燃料，湍流有助于破坏燃烧产物在燃料颗粒表面形成的边界层，从而提高表面反应的氧利用率，并使燃烧过程加速。第三，保证足够的温度。燃料只有达到着火温度才能与氧化合燃烧。着火温度常按固体燃料、液体燃料、气体燃料的顺序上升，如无烟煤的着火温度为 713～773K，重油的着火温度为 803～853K。在着火温度以上，温度愈高，燃烧反应速度愈快，燃烧愈完全，烟尘愈少。第四，保证足够的停留时间。燃料在高温区的停留时间应超过燃料燃烧所需要的时间。

目前，主要利用除尘装置对烟尘进行治理。下面主要对除尘装置的技术参数和性能特点进行介绍。

（一）除尘装置的主要技术参数

1. 除尘装置的处理量

除尘装置的处理量是指除尘装置在单位时间内所能处理的含尘气体量，可用单位 m^3/s 来表示。它取决于装置的形式和结构尺寸。在选择除尘装置时必须注意这个指标，否则会影响除尘效率。

2. 除尘装置的效率

（1）除尘装置的总效率

除尘装置的总效率是指除尘装置除下的烟尘量与未经除尘前的含尘气体中所含烟尘量的百分比，通常用符号 η 来表示。η 可根据式（4-4）计算：

$$\eta = 1 - \frac{q_{2n}C_2}{q_{1n}C_1} \times 100\% \qquad (4-4)$$

式中：η——除尘效率，%；

q_{1n}——在标准状况（0℃，101325Pa）下单位时间内进入除尘装置的烟气量，m^3/s；

q_{2n}——在标准状况下单位时间内经净化后离开除尘装置的烟气量，m^3/s；

C_1——装置入口处烟气的含尘浓度，mg/m^3；

C_2——装置出口处烟气的含尘浓度，mg/m^3。

（2）除尘装置的分级效率

除尘装置的分级效率是指除尘装置对除去某一特定粒径范围的除尘效率。粉尘的粒径及其分布对除尘过程的机制、除尘器的设计及其除尘效率都有很大影响。如果颗粒是大小均匀的球体，则可用其直径作为颗粒物的代表性尺寸，并称为粒径。但在实际中不仅颗粒的大小不同，而且形状各种各样，需按一定的方法确定一个代表性尺寸作为颗粒的粒径。对于非球形粒径，一般有三种定义的粒径，即投影径、几何当量径和物理当量径。例如空气动力径 d_a 就是一种物理当量径，是指在静止的空气中，颗粒的沉降速度与密度为 $1g/cm^3$ 的圆球的沉降速度相同时的圆球直径。由于从烟气中除去大尘粒比除去小尘粒容易得多，因而用同一除尘器除大尘粒要比除小尘粒的效率高得多。为表示除尘装置对不同粒径烟尘的除尘效率，引用了分级除尘效率（η_d）的概念。可由式（4-5）计算 η_d：

$$\eta_d = \frac{q_{3d}}{q_{1d}} \times 100\% \qquad (4-5)$$

式中：η_d——除尘装置对以某一粒径 d 为中心，粒径宽度为 Δd 范围内的烟尘的分级效率；

q_{3d}——以粒径 d 为中心，粒径宽度 Δd 范围内，由除尘装置捕集的烟尘量，g/s；

q_{1d}——以粒径 d 为中心，粒径宽度 Δd 范围内，进入除尘装置时的烟尘量，g/s。

（3）多级除尘效率

当使用一级除尘装置达不到除尘要求时，通常将两个或两个以上的除尘装置串联起来使用，形成多级除尘装置，其效率用 $\eta_\text{总}$ 来表示，由式（4-6）计算：

$$\eta_\text{总} = 1 - (1-\eta_1)(1-\eta_2)\cdots(1-\eta_n) \qquad (4-6)$$

式中：$\eta_1, \eta_2, \cdots, \eta_n$——分别为第 $1, 2, \cdots, n$ 级除尘装置的单级效率。

3. 除尘装置的阻力降

阻力降是烟气经过除尘装置时能量消耗的一个主要指标。压力损失大的除尘装置在工作时的能量消耗就大。不同的除尘装置阻力降的计算公式不同，其中旋风除尘器的阻力降可由式（4-7）计算：

$$\Delta p = \zeta \frac{\rho v_0^2}{2} \qquad (4-7)$$

式中：Δp——除尘装置阻力降，Pa；

ζ——除尘器的阻力降系数，无因次；

v_0——烟气进口时流速，m/s；

ρ——烟气的密度，kg/m³。

（二）除尘装置的工作原理和特性

1. 重力除尘装置

重力沉降室是通过尘粒自身的重力作用使其从气流中分离的简单除尘装置。含尘气流进入沉降室后，由于过流面积扩大，流速迅速下降，其中较大的尘粒借助重力作用而自然沉降到灰斗中除去。尘粒沉降的层流原理：假设除沉降室前后扩大、缩小段外，气流速度在室内处处相等，尘粒在入口断面分布均匀并忽略颗粒在沉降过程中的互相干扰。

2. 旋风除尘器

旋风除尘器是利用旋转气流的离心力使尘粒从气流分离的装置，又称离心式除尘器。普通旋风除尘器由进气管、筒体、锥体及排气管组成。当含尘气体由进气管进入旋风除尘器时，气流由直线运动变为圆周运动。旋转气流绝大部分沿器壁和筒体呈螺旋形向下，朝锥体流动，通常称此为外旋流。含尘气体在旋转过程中产生离心力，将密度大于气体的颗粒甩向器壁，颗粒一旦与器壁接触，便失去惯性力而靠入口速度的动量和向下的重力沿壁下落，进入排灰管。旋转下降的外旋气流在到达锥体时，因圆锥形的收缩而向除尘器中心靠拢，其切向速度不断提高。当气流达到锥体下端某一位置时，便以同样的旋转方向在旋风除尘器中由下回转而上，继续作旋流。最后，净化气体经排气管排出，通常称此为内旋流。一部分细小尘粒在上旋流及向上的轴向分速度的作用下在顶盖处形成灰环。上灰环造成的细尘逃逸和锥底回流区造成的细尘二次返混都影响除尘效率的提高，因此是旋风除尘器结构设计应注意的问题。

旋风除尘器结构简单，体积小，不需要特殊的附属设备，因而造价低，运行管理方便，应用广泛。旋风除尘器一般适于温度400℃以下的非腐蚀性气体，而对于腐蚀性气体，除尘器需要用防腐材料制作；可处理含尘浓度较高的气体，不宜净化黏结性粉尘。除尘器的排气管（内筒）愈小，愈能捕集细小的尘粒，但阻力增大；进入除尘器的烟气速度一般为12~20m/s，在极限范围内，进口速度愈大，除尘效率愈高；设计和运行中应特别注意防止除尘器底部漏风，因而必须采用气密性好的卸尘装置或其他防止漏风的措施；通常可分离粒径大于5~10μm的尘粒，可处理含尘浓度较高的气体，不宜净化黏结性粉尘及气量波动大的场合。普通旋风除尘器的除尘效率一般在90%左右。

3. 惯性力除尘器

惯性力除尘器是使含尘气体急剧改变流动方向或与挡板相撞，借助粉尘颗粒的惯性作用将其从气体中分离出来并加以捕集的设备。其结构形式主要有两种：一种是以含尘气流中的尘粒撞击挡板捕集较粗尘粒的冲击式惯性除尘器；一种是通过改变含尘气流的流动方向而捕集较细尘粒的转折式惯性力除尘器。在实际应用中，多为两种形式的综合。该除尘器在分离细颗粒的过程中利用了离心力的作用。惯性力除尘器能捕集 $10\sim20\mu m$ 的粗尘粒，其压力损失一般在 $100\sim1000Pa$；宜净化密度和粒径较大的金属或矿物粉尘，但对于黏结性和纤维性粉尘，因易堵塞，不宜采用；由于气流改变方向的次数有限，净化效率不高。

4. 布袋除尘器

布袋除尘器是使含尘气体通过滤料将尘粒分离捕集。滤袋通过筛滤作用、惯性力碰撞、扩散作用、静电作用及重力作用等进行除尘。滤布常用棉、毛或人造纤维等加工而成。过滤方式包括内部过滤和外部过滤两种。内部过滤是把松散多孔滤料填充在框架内作过滤层，尘粒是在过滤材料内部进行捕集的，缺点是清除尘粒比较困难，用于含尘浓度很低的气体；外部过滤是用滤布或滤纸作滤料，当滤料上粉尘黏附到一定厚度时，阻力增大，要进行清灰。

布袋除尘器可捕集 $0.1\mu m$ 以上的细尘粒，除尘效率达 $90\%\sim99\%$；气流速度的变化以及入口气体含尘浓度变化对除尘效率影响不大；结构简单，使用灵活，不存在污泥处理。袋式除尘器的缺点是使用温度不能过高，一般低于 $300℃$；气体不能是腐蚀性的；不适于去除黏结性强和吸湿性强的尘粒，否则会在布上结露，致使滤袋堵塞、破坏。根据处理量可将布袋除尘器设计成小型滤袋，也可设计成大型袋房。布袋除尘器的设计包括：滤布的选择、过滤速度的确定、滤袋尺寸及个数的确定、滤袋的布置及吊挂固定、壳体设计、粉尘清灰机构的设计和清灰机制的确定、卸灰装置的设计和粉尘的回收系统设计。

5. 颗粒层除尘器

颗粒层除尘器是利用一定粒径范围的固体颗粒（如硅石、砾石、矿渣或焦炭等）作为过滤介质，将含尘气体的尘粒除去的设备。这种除尘器具有结构简单、滤料来源广泛、耐高温、耐腐蚀、耐磨损等优点，且除尘效率高，因此在冶金、矿山、机械等工业中的应用日渐广泛。颗粒层除尘器和布袋除尘器均属于过滤式除尘装置。

6. 电除尘器

电除尘器的工作原理是用特高压直流电源产生不均匀电场，利用电场中的电晕放电使尘粒荷电，然后在电场库仑力的作用下把荷电的尘粒驱向集尘极，当形成一定厚度集尘层时，用适当的方式使尘粒集合体从电极上沉落于集尘器中。电除尘器根据结构特点，可有不同的分类：按集尘极的形式可分为管式和板式电除尘器；按粒子核电荷沉降的空间位置可分为单区和双区电除尘器；按沉集粒子的清灰方式可分为湿式和干式电除尘器。

电除尘器的特点是：可使粒子与气体分离所需要的库仑力直接作用在粒子上，因此粒子与气流分离消耗的能量比其他除尘器小得多；压力损失仅为 100～200Pa，操作费用较节省；能捕集 $0.1\mu m$ 或更小的烟雾，除尘效率可达 99.9% 以上；处理烟气量大，一般可处理 $100m^3/h$ 的含尘气体，也可处理 $10^5 \sim 10^6 m^3/h$ 的含尘气体；可处理各种性质的烟雾；温度可达 500℃，湿度可达 100%。因此，电除尘器广泛应用于冶金、化工、能源、材料等部门。电除尘器的缺点主要是设备庞大，占地面积大，一次性投资费用高，要求制造、安装和管理的技术水平高；不易实现对高电阻率（>$10^{10} \sim 10^{11} \Omega \cdot cm$）或低电阻率（$10^4 \sim 10^5 \Omega \cdot cm$）尘粒的捕集；对于初始质量浓度大于 $30g/m^3$ 的含尘气体，需设置预处理装置。

7. 洗涤式除尘器

洗涤式除尘器是使含尘气体和液体密切接触，利用重力、惯性碰撞、拦截、扩散、静电力等作用捕集颗粒物的装置。常使用液体形成的液滴、液膜、雾沫等洗涤含尘气体。工程上使用的洗涤式除尘器的形式较多，根据除尘器的净化机制，可分为重力喷雾洗涤器、离心洗涤器、冲击水浴除尘器、板式泡沫除尘器、文丘里洗涤器、填料塔洗涤器和机械诱导喷雾洗涤器等；根据其能耗可以分为低、中、高能耗三类。低能耗洗涤式除尘器如喷雾塔和旋风洗涤器等，压力损失为 0.25～1.5kPa，对于 10μm 以上尘粒的净化效率可达 90% 左右。中能耗洗涤式除尘器如冲击浴除尘器、机械诱导喷雾洗涤器等，压力损失为 1.5～2.5kPa。高能耗洗涤式除尘器如文丘里洗涤器、喷射洗涤器等，除尘效率可达 99.5% 以上，压力损失为 2.5～9.0kPa。其中，文丘里洗涤器应用最广，能除去 0.5～5μm 的尘粒，同时可脱除烟气中的部分硫和氮的氧化物，但需有污水处理装置。

洗涤式除尘器的除尘效率高，除尘器结构简单，造价低，占地面积小，特别适用于处理高温、高湿、易燃易爆的含尘气体；在除尘的同时还能去除部分气态污染物，对气体起降温作用。缺点是需对洗涤后的含尘污水、污泥进行处理；处理净化含有腐蚀性气体污染物时洗涤水具有一定的腐蚀性，设备易受腐蚀，应采取防腐措施，因此费用较高。

三、主要气体污染物的防治

（一）脱硝技术

NO_x 污染的控制技术主要有控制燃烧和烟气治理两大类。控制燃烧技术主要包括燃料脱氮和低 NO_x 燃烧，其中燃料脱氮技术至今尚未很好开发。低 NO_x 燃烧技术主要通过改进燃烧器来减少 NO_x 的产生量，其研究和开发虽已取得一定的进展，并得到部分应用，但由于所获得的去除 NO_x 的效率有限，尚未达到全面实用阶段。因此，烟气（废气）脱硝是近期控制 NO_x 的最重要的方法，可分为干法和湿法两大类。

1. 催化还原法

催化还原法可分为非选择性催化还原法、选择性催化还原法和选择性非催化还原法。非选择性催化还原法（Non－selective catalytic reduction, NSCR）是指在一定温度（500～700℃）和催化剂作用下，废气中的二氧化氮（NO_2）和一氧化氮（NO）被还原剂还原为氮气。还原剂为甲烷时的反应原理见式（4－8）～（4－10）。

$$CH_4 + 4NO_2 \rightarrow 4NO + CO_2 + 2H_2O \qquad (4-8)$$

$$CH_4 + 4NO \rightarrow 2N_2 + CO_2 + 2H_2O \qquad (4-9)$$

$$CH_4 + 2O_2 \rightarrow CO_2 + 2H_2O \qquad (4-10)$$

常用的还原剂有合成氨释放气、焦炉气、天然气、炼油厂尾气和气化石脑油，总称为燃料气。起还原作用的主要成分是氢气、一氧化碳、甲烷和其他低分子碳氢化合物。常用的催化剂有贵金属铂（Pt）和钯（Pd），通常以0.5%的贵金属载于氧化铅载体上，也可以将铂或钯镀在镍基合金上制成网状，再构成圆柱置于反应器中。由于该法燃料耗费大，需贵金属作催化剂，且需增设热回收装置，投资费用大，因而多倾向采用选择性催化还原法（Selective catalytic reduction，SCR）。

SCR法是在较低的温度和催化剂作用下，氨、硫化氢、一氧化碳或尿素等碳氢化合物有选择性地将尾气中的NO_x还原为氮气而不与尾气中的氧气发生反应，其还原剂用量较少。催化剂采用铜、铁、钒、铬、锰等非贵金属就可以达到满意的效果，载体可以是氧化铝（Al_2O_3）。氨为还原剂时的反应原理见式（4-11）～（4-13）。

$$8NH_3 + 6NO_2 \rightarrow 7N_2 + 12H_2O \qquad (4-11)$$

$$4NH_3 + 6NO \rightarrow 5N_2 + 6H_2O \qquad (4-12)$$

$$4NH_3 + 4NO + O_2 \rightarrow 4N_2 + 6H_2O \qquad (4-13)$$

影响SCR法的因素包括催化剂活性、接触时间、NH_3/NO_x物质的量比和反应温度。其中NH_3/NO_x物质的量比过小，反应不完全，效率下降，故大多数操作中NH_3/NO_x物质的量比大于1.2，但不少装置排气中氨的浓度较高，造成新的污染。用SCR法处理烟气时，由于烟气中的SO_2能使催化剂中毒，故需要较高的烟气温度（350～450℃）或选择具有抗SO_2毒性的催化剂（如V_2O_5/TiO_2和$V_2O_5-WO_3/TiO_2$等）。如果将SCR反应器置于烟气脱硫装置之后，则此问题可基本消除，但由于烟气温度较低，需要将烟气温度提高到催化还原所必需的温度。以液氨和氨水为还原剂的脱硝系统一般适用于中小型锅炉。

选择性非催化还原法（Selective non-catalytic reduction，SNCR）是利用

还原剂在不需要催化剂的情况下有选择性地与烟气中的 NO_x 发生化学反应，生成氮气和水的方法。火电厂烟气脱硝系统一般采用尿素为还原剂，系统主要由尿素溶液储存与制备、尿素溶液输送、尿素溶液计量分配以及尿素溶液喷射等设备组成。SNCR 法适用于脱硝效率要求不高于 40% 的机组。

2. 吸附法

气体吸附是大气污染控制工程中重要且有效的方法。吸附装置包括固定床吸附器、移动床吸附器和流化床吸附器。其中，移动床吸附器中固体吸附剂与含污染物的气体以恒定速度连续逆流运动，完成吸附过程，两相接触良好；流化床吸附器是由气体和固体吸附剂组成的两相流装置，由于气体速度较大而使固体颗粒处于流化状态，从而可使气、固相充分接触。

吸附法主要用吸附剂先将 NO 吸附饱和，再通过减压或升温的办法使 NO 释放，由于释放的 NO 浓度增大，有利于进一步处理。用于吸附 NO_x 的吸附剂有硅胶、分子筛、活性炭、活性氧化铝、天然沸石及泥煤等，其中硅胶、活性炭和分子筛还可以做催化剂。催化剂有活性炭、杂多酸、炭载金属催化剂、复合氧化物催化剂、Y－Ba－Cu－O 超导体及离子交换分子筛等。吸附法脱除 NO_x 的效率较高且能回收 NO_x，但由于吸附容量小，吸附剂用量多，设备庞大及再生频繁等，应用受到限制。

3. 催化分解法

催化分解法是一种在较低温度和催化剂作用下将 NO_x 直接分解为氮气和氧气的方法。适用于 NO_x 分解的催化剂有铂系金属、过渡金属、稀土金属及其氧化物等，传统的载体为 Al_2O_3 或 SiO_2 等。由于 NO_x 分解后产生的氧气不易从载体上脱出，故易使催化剂丧失活性。

4. 等离子体活化法

等离子体活化法是 20 世纪 80 年代发展起来的一种干法废气同时脱硝、脱硫技术，其特征是在废气中产生自由电子和活性基团。根据高能电子的来源，该法可分为两大类：电子束法和脉冲电晕等离子体法。

电子束法最初由日本科学家提出，利用电子加速器获得高能电子束或 γ 射线（500～800keV）照射工业废气，发生辐射化学变化，从而将 SO_2 和

NO$_x$除去。电子束法已达中试阶段，脱硫率可达90%以上，脱硝率达80%以上。该方法所用设备简单，占地小，运转也很容易，但需要昂贵的电子加速器，处理单位体积废气的能耗较高，并要求有X射线屏蔽装置，难以大规模推广。

脉冲电晕等离子体法由电子束法发展而来，其原理简述如下：电晕放电过程中产生的活化电子（5~20eV）在与气体分子碰撞的过程中产生OH，N，O等自由基和臭氧（O$_3$）；这些活性物质引发的化学反应首先把气态的SO$_2$和NO$_x$转变为高价氧化物，然后形成HNO$_3$，在有NH$_3$注入的情况下，进一步生成硝铵等细粒气溶胶，固体产物由常规方法即可从气相中分离。在此过程中的离子（分子）来不及运动，不耗能，气体温度也不会升高。脉冲电晕等离子体法废气脱硫、脱硝是一种物理和化学相结合的高新技术，克服了电子束法的缺陷，省掉了昂贵的加速器，避免了电子枪寿命和X射线屏蔽等问题，并能直接应用到现有电除尘装置上，其工业化过程的关键在于降低能耗。

5. 氧化吸收法

氧化吸收法属于湿法脱硝技术，湿法脱硝技术通常指用液体吸收NO$_x$废气的方法。用于吸收NO$_x$的液体有水、硝酸、碱液及硫酸等。NO除生成络合物外，无论在水中或在碱液中几乎都不被吸收，所以为了有效地吸收NO$_x$，需要将尾气中的NO氧化为易被液体吸收的NO$_x$，再用液体吸收。

在硝酸尾气治理的研究中发现：几乎所有用空气氧化制硝酸的方法都存在同样的问题，即在硝酸吸收塔内，NO$_x$的体积分数降到0.5%以前NO$_x$的转化速度很快，而降到0.1%时转化速度接近于零，所以吸收不完全，残余的NO$_x$排出，污染大气。在硝酸吸收系统中，从气相到液相传递的主要物质是亚硝酸（HNO$_2$），它可以在气相中由NO，NO$_2$和H$_2$O反应瞬间形成，这是氮被传递到液相的主要途径。

由于低浓度的NO氧化速度非常缓慢，因此为加快氧化速度，可采用催化氧化法。用于催化氧化的催化剂很多，活性炭就是其中的一种，由于价廉而被广泛使用。液相氧化吸收法是在液相吸收剂中加入强氧化剂，对NO$_x$进行氧化吸收的一种方法。用于液相氧化的氧化剂有 HNO_3，$KMnO_4$，$NaClO_2$，$NaClO$，H_2O_2，$KBrO_3$，$Na_2Cr_2O_7$，$(NH_4)_2Cr_2O_7$ 和 $K_2Cr_2O_7$ 等，此外还有紫外线氧化和电解氧化等。液相氧化吸收法由于所用氧化剂成本较高，所以应用不广泛。另外，对 NO 废气的治理还可采用气相氧化吸收，先用强氧化剂对 NO 进行氧化，再用液体吸收。用于气相氧化的氧化剂有 O_2，O_3，Cl_2 和 ClO_2 等。

6. 稀硝酸吸收法

由于 NO 在稀硝酸中的溶解度比在水中的大得多，故可用硝酸吸收 NO_x 废气。硝酸吸收 NO_x 以物理吸收为主，低温高压有利于吸收，气体流速上升不利于吸收。用来自再生塔并经过冷却后的漂白硝酸在填料塔中逆流与 NO_x 尾气接触，部分 NO_x（NO，NO_2，N_2O_4）及 HNO_2 溶于吸收酸中，使漂白硝酸成为非漂白硝酸，因此吸收酸需在再生塔中解析出 NO 和 HNO_2，成为漂白硝酸可循环使用。

7. 碱液吸收法

碱性溶液与 NO_ 反应生成硝酸盐和亚硝酸盐，当用氨水吸收时，挥发性的 NH_3 在气相中与 NO_2 和水蒸气形成气溶胶颗粒铵盐，它们不易被水或碱液捕集，逃逸的铵盐形成白烟。吸收液中生成的亚硝酸铵盐（NH_4NO_2）不稳定，一定条件下会发生剧烈分解，因而限制了氨水吸收法的应用。碱液吸收法的实质是酸碱中和反应，关键是吸收速度。由于碱液不能吸收单独的 NO，因此碱液吸收法不宜处理燃烧烟气和 NO 比例大的废气。

8. 液相还原吸收法

这是一种用液相还原剂将 NO_x 还原为 N_2 的方法。常用的还原剂有亚硫酸盐、硫化物、硫代硫酸盐和尿素的水溶液等。由于液相还原剂同 NO 反应并不生成 N_2 而是生成 N_2O，且反应速度不快，因此液相还原吸收法必须先将 NO 氧化为 NO_2。由于此法是将氮氧化物还原为无用的氮气，因此一般先采用碱液吸收或稀硝酸吸收，回用部分 NO_x 后，再用还原吸收法作为补充手段。

9.液相络合吸收法

该方法是一种用液相络合剂直接同 NO 反应的方法,因此对于处理以 NO 为主的尾气具有特别重要的意义。由 NO 生成的络合物在加热时又重新放出 NO,从而使 NO 富集回收。研究过的络合剂有 $FeSO_4$,Fe(Ⅱ)EDTA,Fe(Ⅱ)EDTA$-Na_2SO_3$ 等。目前该法仍处于研究阶段。

此外,对于 NO_x 废气治理还有生化法。治理气态污染物的生物过程实质是利用微生物的生命活动将废气中的有害物质转化为简单而无害的无机物或微生物的细胞质。生化法净化废气通常可分为生物洗涤、生物过滤和生物滴滤等几种形式。用生化法净化含 NO_x 废气的思路是建立在用微生物净化有机废气和臭气以及用微生物进行废水硝化脱氮的基础上的。

干法中比较有效的方法是催化还原法,但其投资和运转费用高,须消耗大量的 NH_3 及燃料气。目前,我国烟气脱硝行业拥有国家政策的支持和日益增长的市场需求,SCR 脱硝技术仍是用于固定源脱氮的首选工艺,这一趋势在今后很长一段时间后仍将保持下去。

(二) 脱硫技术

脱硫技术可分为燃烧前(燃料)脱硫、燃烧中脱硫及燃烧后脱硫。由于技术、经济等方面的原因,目前以燃烧后脱硫为主要方法。

1.燃烧前脱硫

燃烧前脱硫即燃料脱硫,主要包括燃煤脱硫、天然气脱硫和液体燃料脱硫三类。

(1)燃煤脱硫

燃煤脱硫主要是煤炭的洗选,包括跳汰选煤法、重介质选煤法和浮选法等。跳汰选煤法的基本原理是利用各种密度、粒度及形状的物料,通过在不断变化的流体作用下的运动过程,使原本为不同类型颗粒混合物的床层出现分层,从而使煤中密度大的硫铁矿与有机质分离。重介质选煤法是用密度介于煤和煤矸石之间的浮选液作为分选介质的选煤方法。目前,国内普遍采用磁铁矿粉和水配制的悬浮液作为煤的分选介质。重介质旋流器是常用的重介质选煤设备,其原理是:当颗粒密度大于悬浮液密度时,颗粒被甩向外螺旋流，沿斜壁集中于底流口排出；当颗粒密度小于悬浮液密度时，颗粒被移向内螺旋流，集中在螺旋流中心，由溢流口排出。煤的浮选法是根据煤及黄铁矿的亲水性等表面性质的差异性进行分选的方法。但所有这些方法的脱硫效率都不高。

（2）天然气脱硫

天然气处理与加工是指其从井口到输气管网的全部过程，一般经过采气管线、井场分离、集气管线、净化处理、轻烃回收、输气管网等过程，其中净化处理主要是脱硫单元。

原料天然气从储层经过井筒输送到地面，然后减压到集输管线的操作压力。未处理的天然气在减压或降温时一些饱和水会冷凝出来，这将导致水合物的形成，从而堵塞输气管线，因此在井口位置须采用防止水合物形成的措施，如可把天然气加热到水的露点之上，或通过脱水过程除去水。然后，天然气经过管线输送到气体加工厂，在进入加工厂时，天然气首先进入一个分离器，将液体分离出来。接着原料进入脱硫单元，通过脱硫溶剂脱除原料气中的酸气。常用的脱硫剂有15%～30%单乙醇胺、二乙醇胺、砜胺溶液和其他脱硫溶剂。而从吸收塔底排出的富含酸气的液体经换热器升温后进入汽提塔，在此释放酸气后得到再生。从脱硫单元出来的天然气含有饱和水和重烃，由烃分离设备和烃露点控制设备分离出的液烃进入精馏设备，通过脱水装置除去水。酸气被送入硫黄回收单元，通过氧化将硫化氢氧化为单质硫，其他产物如二氧化碳和二氧化硫等排入大气。克劳斯法是将富集得到的含较高浓度的硫化氢气体在高温下转化为硫和水，从而回收高纯度的硫黄。

（3）液体燃料脱硫

石油及石油产品脱硫几乎都采用加氢脱硫或加氢裂解的方法，使原料中的硫化物与氢发生催化反应，碳一硫键断裂，氢与硫生成的硫化氢可以容易地从油中分离出来，同时还可以除去油中的含氮化合物。

2. 燃烧中脱硫

燃烧中脱硫主要包括型煤固硫技术、煤在燃烧过程中加脱硫剂技术及流化床燃烧脱硫技术。

(1) 型煤固硫技术

将不同的原料经筛分后按一定比例配煤，粉碎后与经过预处理的黏结剂和固硫剂混合，经机械设备挤压成型及干燥，即可得到具有一定强度和形状的成品工业固硫型煤。固硫剂主要有石灰石、大理石、电石渣等，其加入量以煤的含硫量而定。燃用型煤可大大降低烟气中 SO_2、一氧化碳和烟尘浓度，有好的经济效益和环境效益。但工业实际应用中应解决型煤着火滞后、操作不当会造成断火熄炉等问题。

(2) 煤在燃烧过程中加脱硫剂技术

在煤燃烧过程中加入石灰石或白云石作脱硫剂，碳酸钙、碳酸镁受热分解生成氧化钙、氧化镁，与烟气中二氧化硫反应生成硫酸盐，随灰分排出。

(3) 流化床燃烧脱硫技术

把煤和吸附剂加入燃烧室的床层中，从炉底鼓风使床层悬浮而进行流化燃烧，形成湍流混合条件，延长停留时间，从而提高燃烧效率。其反应过程是煤中硫燃烧生成二氧化硫，同时石灰石煅烧分解为多孔状氧化钙，二氧化硫到达吸附剂表面并发生反应，从而达到脱硫效果。流化床燃烧脱硫的主要影响因素有钙硫比，煅烧温度，脱硫剂的颗粒尺寸、孔隙结构和脱硫剂种类等。为了提高脱硫效率，可采用以下方法：改进燃烧系统的设计及运行条件，对脱硫剂进行预煅烧，运用添加剂（如碳酸钠、碳酸钾等），开发新型脱硫剂。普通燃烧方法的脱硫率可达 20%～50%，常压流化床燃烧时脱硫率可达 85%，压力流化床燃烧时脱硫率可达 90%。

3. 燃烧后脱硫

燃烧后脱硫又称为烟气脱硫（FGD），主要指从烟道气中脱除 SO_2 的技术。近几十年来研究的低浓度 SO_2 治理方法达上百种，但真正在工业上应用的仅 10 多种。

按是否回收烟气中的硫作为有用物质分类，烟气脱硫有回收法和抛弃法两大类。回收法是用吸收、吸附、氧化还原等方法将烟气中的硫转化为硫酸、元素硫、液体或工业石膏等产品，其优点是变害为利，但一般需要付出高的回收成本，经济效益低，甚至亏损。抛弃法是将 SO_2 转化为固体残渣抛弃，优点是设备简单，投资运行费用低，但硫资源未回收利用，一般存在二次污染问题。按完成脱硫后的直接产物是否为溶液或浆液分，烟气脱硫又分为湿法、半干法和干法三大类。湿法脱硫是用溶液或浆液吸收 SO_2，其直接产物也是溶液或浆液的方法。半干法是用雾化的溶液或浆液脱硫，但在脱硫过程中雾滴被蒸发干燥，直接产物呈干粉状的方法。干法是利用固体吸附剂、气相反应剂或催化剂在不增加湿度的条件下去除 SO_2 的方法。

(1) 石灰石－石膏法

该技术以石灰石浆液作为脱硫剂，在吸收塔内对烟气进行喷淋洗涤，使烟气中的二氧化硫反应生成亚硫酸钙，同时向吸收塔的浆液中鼓入空气，强制使亚硫酸钙转化为硫酸钙，脱硫的副产品为石膏。脱硫装置安装在静电除尘器的下游，脱硫系统包括烟气换热系统、吸收塔脱硫系统、脱硫剂浆液制备系统、石膏脱水洗涤系统和废水处理系统。从静电除尘器出来的烟气通过增压风机进入气－气换热器。在这里，热烟气被脱硫净化后的冷烟气冷却。从换热器出来的烟气进入吸收塔。在吸收塔上半部，上升的烟气与从安装在顶部喷嘴中喷出的石灰石稀浆逆流接触，烟气中的 SO_2 与石灰石中的 $CaCO_3$ 浆液发生反应，生成亚硫酸钙（$CaSO_3$）；在吸收塔下部，生成的 $CaSO_3$ 被鼓入的空气氧化生成石膏（$CaSO_4$）。

烟气在吸收塔内经循环石灰石稀浆洗涤脱除 SO_2 后，穿过顶部除雾器除去悬浮水滴后离开吸收塔。在进入烟囱之前，烟气再次穿过换热器进行升温。大部分设备都配有风挡（正常情况下处于关闭状态）的旁通管。在紧急情况下或启动时，风挡打开，使烟道气绕过二氧化硫脱除装置直接排入烟囱。吸收塔底部沉淀槽中的石膏浆液被泵入水力旋流器中进行初步脱水，再经过真空皮带脱水机进一步脱水后去石膏储仓。

烟气中的氯化氢也溶入水溶液中，并被其中的碱性物质中和，生成氯化钙溶液；此外，微量飞灰以及石灰石中的杂质将作为溶解的金属盐和悬浮物质在处理液中积累下来。因此，早期的石灰石－石膏法烟气脱硫所产生的亚硫酸钙残渣或石膏都作为废物抛弃掉，造成二次污染。为回收利用资源，需要用清水在水力旋流器中对脱硫石膏进行洗涤，经洗涤并脱水后的高质量石膏产品可回用做建筑材料。溶解有氯化钙等杂质和细小悬浮物的洗涤水，进入污水处理系统净化处理后回用或外排。

由于石灰石价格便宜，易于运输和保存，因而已成为湿法烟气脱硫工艺中的主要脱硫剂。石灰石经破碎碾磨后制成稀浆并泵入吸收塔，用新鲜的石灰石稀浆是为保持所需要的 pH。石灰石－石膏法烟气脱硫技术是一种发展成熟、在全球范围内广泛应用的烟气脱硫技术，通常被大型电站所采用。该技术具有较高的脱硫效率（大于 95%），但该法易结垢堵塞腐蚀，脱硫废水较难处理。

（2）间接石灰石－石膏法

针对石灰石－石膏法易结垢和堵塞的问题，发展了间接石灰石－石膏法。这类方法有双碱法、碱式硫酸铝法和电石渣－石膏法等。

①钙/钙双碱法：童志权等开发的钙/钙双碱法即亚硫酸钙/氢氧化钙双碱吸收法，其机理是在吸收塔内用来自循环池的亚硫酸钙浆液（$CaSO_3·1/2H_2O$）进行脱硫并生成 $Ca(HSO_3)_2$，反应为：

$$CaSO_3·1/2H_2O + SO_2 + 1/2H_2O \rightarrow Ca(HSO_3)_2 \quad (4-14)$$

反应后浆液返回循环池，池内加入 $Ca(OH)_2$ 浆液与 $Ca(HSO_3)_2$ 反应，再生出亚硫酸钙循环脱硫，反应为：

$$Ca(HSO_3)_2 + 2Ca(OH)_2 \rightarrow CaSO_3·1/2H_2O + 3/2H_2O \quad (4-15)$$

由于吸收塔内的脱硫反应是一个溶解度较低的 $CaSO_3·1/2H_2O$ 与 SO_2 生成溶解度较大的 $Ca(HSO_3)_2$ 的过程，故吸收塔内不生成 $CaSO_3·1/2H_2O$ 软垢。吸收塔内副反应生成的少量硫酸钙可与浆液中的大量亚硫酸钙生成含 22.5% 硫酸钙的固溶体而避免硫酸钙结晶为硬垢。该法在国内众多的小型锅炉烟气脱硫工程中得到应用，脱硫率达 86%～96%。

②钠/钙双碱法：先用碱或碱金属盐（$NaOH$，Na_2CO_3，$NaHCO_3$，Na_2SO_3 等）的水溶液吸收 SO_2，然后在反应器中用石灰石/石灰浆液将吸收 SO_2 后的溶液再生，再生浆液经液、固分离后，滤渣（亚硫酸钙和少量硫酸钙）外运，溶液在储槽中补充碱和水后循环使用。再生并分离出来的 $NaOH$ 或 Na_2SO_3 溶液循环脱硫。其主要化学反应如下：

吸收：

$$2NaOH+SO_2 \rightarrow Na_2SO_3+H_2O \quad (4-16)$$

$$Na_2CO_3+SO_2 \rightarrow Na_2SO_3+CO_2 \quad (4-17)$$

$$Na_2SO_3+SO_2+H_2O \rightarrow 2NaHSO_3 \quad (4-18)$$

用石灰再生或石灰石再生：

$$Ca(OH)_2+2NaHSO_3 \rightarrow Ca_2SO_3+Na_2SO_3 \cdot 1/2H_2O+3/2H_2O$$

$$(4-19)$$

$$CaCO_3+2NaHSO_3 \rightarrow Na_2SO_3+CaSO_3 \cdot 1/2H_2O(s)+1/2H_2O+CO_2$$

$$(4-20)$$

该法可回收滤渣水合亚硫酸钙，还可直接将含有 Na_2SO_3 的吸收液直接送至造纸厂代替烧碱煮纸浆，是一种综合利用措施；也可以把含有 Na_2SO_3 的吸收液经过浓缩、结晶和脱水后回收 Na_2SO_3 晶体；亦可以进一步氧化处理，生成石膏。

将吸收液中的 $NaHSO_3$ 加热分解后可获得高浓度的 SO_2，再经接触氧化后即制得硫酸，也可用 H_2S 还原制成单体硫。该法对硫的脱除率达95%以上，用碱或碱金属的溶液脱硫腐蚀性小，可减少结垢和堵塞的可能；其缺点是副反应生成的 Na_2SO_4 再生较难，过程需不断补充 $NaOH$ 或 Na_2SO_3 而增加碱耗，运行费用较高，且再生液的液固分离也使工艺复杂化。

③碱式硫酸铝法：该法由日本同和矿业公司开发，又称同和法，其工艺流程可分为吸收氧化、中和（再生）、过滤等几部分。该法最初使用的碱式硫酸铝用硫酸铝为原料再生制得。再生后的浆液，经固液分离可得优质石膏，滤液返回吸收系统循环使用。该法的吸收反应易进行，吸收 SO_2 能力大，操作液气比较小，脱硫率高达95%以上；设备腐蚀小，操作稳定，但动力消耗较大，石膏成本高，每吨石膏需补充铝0.5kg以上。

④电石渣—石膏法：近年来，伴随烟气脱硫技术的发展，电石渣—石膏法脱硫系统在燃煤电厂得到一定的应用。电石渣是电石水解获取乙炔气体后以 $Ca(OH)_2$ 为主要成分的工业废渣。用电石渣为脱硫剂可以达到以废治废的目的。但实际运行过程存在腐蚀严重、吸收塔内pH偏高、亚硫酸钙难被

氧化以及石膏脱水困难等问题。

由于电石渣成分复杂，颗粒分布不均，含有炭粉、SiO_2、矽铁等大颗粒杂质，易造成设备、管道严重磨蚀，因此需要对电石渣进行预处理以去除颗粒物。设备管道采用硬度高、耐磨、防腐蚀材料（如非氧化物陶瓷材料SiC）。由于反应中间产物 $CaSO_3 \cdot 1/2H_2O$ 在碱性条件下溶解度很低，大部分以软垢形式存在，几乎不能电离出亚硫酸根离子，因此很难被氧气分子氧化为硫酸根离子，氧化风机、喷枪等设备形同虚设。为增加亚硫酸钙的氧化性，需要优化工艺流程，设计高pH的脱硫区和酸性的氧化区，优化工艺后的产品石膏可作为水泥添加剂或其他建材使用。

（3）钠碱吸收法

该法在用碱液（NaOH 或 Na_2CO_3）吸收 SO_2 后，不像钠/钙双碱法那样用石灰石－石膏再生，而是直接将吸收液加工成副产物。钠碱吸收法有循环和不循环两种工艺。

①循环钠碱法：循环钠碱法的代表工艺是威尔曼洛德（Wellman－Lord）法，副产品是高浓度 SO_2 气体，主要包括吸收和解吸两个过程。该法首先用 NaOH 或 Na_2CO_3 吸收 SO_2 以制备吸收剂 Na_2SO_3。Na_2SO_3 循环吸收 SO_2 后主要生成 $NaHSO_3$，其次为 $Na_2S_2O_5$。当吸收液中 Na_2SO_3 含量（或pH）下降到一定程度时，将吸收液送去加热再生，解吸出 SO_2。解吸出来的 SO_2 可加工成液体 SO_2、硫黄或硫酸。由于 Na_2SO_3 的溶解度较小，可在再生器中结晶出来，然后用冷凝水溶解后送回吸收系统循环用于吸收 SO_2。当吸收液中 Na_2SO_4 含量达到5%（质量分数）时，须排出部分母液，避免吸收率降低，同时补充部分新鲜碱液。可用石灰法或冷冻法除去母液中的 Na_2SO_4。该法脱硫率达90%以上，是日本、美国应用较多的方法之一。

②亚硫酸钠法：用 Na_2CO_3 溶液经二级逆流吸收烟气中 SO_2 后，得到含 $NaHSO_3$ 和 Na_2SO_3 的混合溶液，再用 Na_2CO_3 中和掉吸收液中的 $NaHSO_3$，反应为：

$$2NaHSO_3 + Na_2CO_3 \rightarrow 2Na_2SO_3 + H_2O + CO_2 \uparrow \quad (4-21)$$

最后经净化、浓缩结晶、过滤、干燥等工序制成无水亚硫酸钠产品。该法流程简单,脱硫率高,吸收剂不循环使用,中国一些中小型化工厂和冶金厂运用较多。其缺点是部分 Na_2SO_3 的氧化将影响无水亚硫酸钠的质量。加入吸收液质量 0.025%~0.5% 的阻氧剂(对苯二胺或对苯二酚)可减少 Na_2SO_3 的氧化。由于亚硫酸钠产品销路有限,限制了该法的大规模推广应用。

(4)海水脱硫法

海水脱硫是利用海水的天然碱度来脱除烟气中的 SO_2。雨水将陆地岩土的一些盐类和碱性物质带入海中,使海水含有大量可溶性盐,并呈碱性。海水的天然碱度是指海水中含有能接收氢离子(H^+)的物质的含量,其代表物质是碳酸盐和碳酸氢盐。海水自然碱度为 1.2~2.5mmol/L,使海水具有天然的酸碱缓冲能力和吸收 SO_2 的能力。海水脱硫主要包括 SO_2 与水反应生成亚硫酸的吸收反应、亚硫酸与海水中的碳酸盐及重碳酸盐反应放出 CO_2 气体的中和反应、亚硫酸盐氧化成硫酸的氧化反应。吸收反应在吸收塔内进行,中和及氧化反应主要在海水恢复系统(储气池)进行。海水脱硫技术比较成熟,工艺简单,系统运行可靠,效率高,投资和运行费用较低。

(5)氨吸收法

氨吸收法脱硫技术的原理是采用氨水或 NH_4HCO_3 等含 NH_3 的物质吸收 SO_2,氨水与烟气在吸收塔中接触混合,烟气中的 SO_2 与氨水反应生成亚硫酸铵,氧化后生成硫酸铵溶液,经结晶、脱水、干燥后即可制得硫酸铵(肥料)。

吸收总反应为:

$$SO_2 + 2NH_3 + H_2O \rightarrow (NH_4)_2SO_3 \qquad (4-22)$$

$$SO_2 + NH_3 + H_2O \rightarrow NH_4HSO_3 \qquad (4-23)$$

$$2NH_4HCO_3 + SO_2 \rightarrow (NH_4)_2SO_3 + H_2O + 2CO_2 \uparrow \qquad (4-24)$$

$$NH_4HCO_3 + SO_2 \rightarrow NH_4HSO_3 + 2CO_2 \uparrow \qquad (4-25)$$

副反应:

$$(NH_4)_2SO_3 + 1/2O_2 \rightarrow (NH_4)_2SO_4 \qquad (4-26)$$

实际上吸收剂是 $(NH_4)_2SO_3-NH_4HSO_3$ 混合溶液,其中仅 $(NH_4)_2SO_3$ 对 SO_2 有吸收能力,所以吸收塔内的吸收反应为:

$$SO_2 + (NH_4)_2SO_3 + H_2O \rightarrow 2NH_4HSO_3 \qquad (4-27)$$

吸收剂再生：随着吸收反应的进行，吸收液中$(NH_4)_2SO_3$被消耗，吸收能力逐渐下降。为了维持吸收液的吸收能力，需要在循环槽内不断补充氨，将部分NH_4HSO_3转变成$(NH_4)_2SO_3$，使吸收液得以再生，维持$(NH_4)_2SO_3/NH_4HSO_3$比值不变：

$$NH_4HSO_3 + NH_3 \rightarrow (NH_4)_2SO_3 \qquad (4-28)$$

依据对吸收产物的处理方法不同，有氨－酸法和氨－亚硫酸铵法等流程。

①氨－酸法：用硝酸、磷酸或硫酸分解吸收产物，得到相应的化肥NH_4NO_3，$NH_4H_2PO_4$或$(NH_4)_2SO_4$，并得到高含量SO_2副产品。为保证高的脱硫率、高的吸收液浓度和低的碱度以利于吸收产物的分解和硫铵的生产，工业上发展了两段逆流吸收法。吸收塔排气中夹带的硫铵雾和硫酸雾使排气呈现白色，俗称"白烟"。降低吸收液碱度、温度和烟气中SO_2浓度可减少白烟。有的在吸收塔上部安装湿式电除尘器解决白烟问题。氨－酸法的脱硫率高（两段逆流吸收达95%），该法仅适用于氨、酸来源充足的地方。

②氨－亚硫酸铵法：该法不用酸分解吸收液，而是用NH_3或NH_4HCO_3中和掉吸收液中的NH_4HSO_3，并直接加工成亚硫酸铵产品，该产品可代替烧碱用于造纸工业。由于中和反应是吸热的，温度可自动降至0℃左右，$(NH_4)_2SO_3$溶解度小，可自动结晶出来。合成氨厂、火电厂和有些化工厂联合生产化肥和硫酸。该法的反应速度比石灰石－石膏法快得多，而且不存在结垢和堵塞现象。

第五章　固体废物污染控制工程

第一节　固体废物的特性与管理

一、固体废物的来源与特性

（一）固体废物的来源与分类

固体废物是指在生产、生活和其他活动中产生的丧失其原有利用价值或者虽未丧失其原有利用价值但被抛弃或者放弃的固态、半固态（液态）和置于容器中的气体的物品、物质以及法律、行政法规规定纳入固体废物管理的物品物质。

从不同角度出发，可对固体废物进行不同的分类。按其组成，可分为有机废物和无机废物；按其危害状况，可分为一般废物、危险废物和放射性废物；按形态可分为固态、半固态和置于容器中的气态和液态废物。通常按来源及特性分为四类：

1. 工业固体废物

工业固体废物是指在工业、交通等生产活动中产生的固体废物，包括工业生产过程和工业加工过程中产生的废渣、粉尘、碎屑、污泥等。主要来源是冶金、煤炭、火力发电三大部门，其次是化工、石油、原子能等工业部门。

2. 生活垃圾

生活垃圾是指在日常生活中或者为日常生活提供服务的活动中产生的固

体废物以及法律、行政法规规定视为生活垃圾的固体废物。包括厨余废物、废纸、塑料、玻璃、瓷片、粪便、废旧家具、电器、庭院废物等。

3. 危险废物

危险废物是指对人类、动植物以及环境的现在及将来构成危害，具有腐蚀性（corrosivity，C）、毒性（toxicity，T）、易燃性（ignitability，I）、反应性（reactivity，R）和感染性（infectivity，In）等危险特性中的一种或以上的固体废物。在实际操作中，往往根据《国家危险废物名录》或者国家规定的危险废物鉴别标准和鉴别方法进行认定。

4. 农业固体废物

农业固体废物是指农业生产、畜禽饲养以及农副产品加工过程排出的废物，如植物秸秆、人和禽畜粪便等。具有年产量巨大，有机成分含量高的特点。其主要成分是纤维素、木质素、蛋白质和脂肪等，通常就近收集作为农家燃料、畜禽饲料、田间堆肥等进行处理和利用。现代化处理技术主要有厌氧消化、好氧堆肥和热解气化等。

（二）固体废物的特性

1. 固体废物的"废-资"两重性

固体废物具有"废物"和"资源"两重性。固体废物复杂多样，其中有很多可以利用的资源，如金属、纸张、塑料等。"废物"仅仅相对于某一时段某一过程而言没有使用价值，并非在所有过程或所有方面都没有使用价值。例如，火电厂的粉煤灰废物可以作为水泥厂的原料利用；生活垃圾中的金属、纸张、塑料等经过分类回收均可以再利用。

2. 固体废物的"宿-源"双重性

固体废物一旦产生，在环境中滞留期久、危害性广而强。这是因为固体废物不具有流动性，难以扩散迁移，难以通过自然界物理、化学、生物等多种途径进行稀释、降解和净化，因此其"自我消化"过程是长期的、复杂的和难以控制的。特别是危险废物，如果处理处置不当，其中有害成分能通过地表或地下水、大气、土壤等不同环境介质间接或直接传至人体，造成极大危害。

固体废物污染问题是最具综合性的环境问题。固体废物具有"宿－源"双重性——既是污染的源头，又是污染治理的终态物。一方面，在水和大气污染治理过程中，大多污染物的分离转化都会产生一些固体废渣或污泥；另一方面，固体废物通过雨水浸淋和分解产生的浸出液、渗滤液等污染地表水、地下水和土壤，通过风吹扬散尘埃和散发有毒有害的臭气等污染大气，以垃圾、灰渣、尾矿、污泥等固态和半固态等形式侵占土地、污染土壤和影响环境卫生。所以，要处理好固体废物，需从两方面着手：一是从源头防止或减少固体废物的产生；二是对固体废物进行有效的综合利用和安全处置，防止二次污染。

二、固体废物处理和处置方法概述

（一）固体废物处理方法概述

固体废物处理是指通过物理、化学、生物等不同技术方法将固体废物转变成适于运输、利用、贮存或最终处置的另一种形体结构的过程。根据原理不同，固体废物的处理方法主要分为：

1. 物理处理

物理处理方法不改变固体废物的成分，仅通过浓缩或相变化改变固体废物的结构，使之成为便于运输、贮存、利用或处置的形态，如破碎、压实、分选等。

2. 化学处理

采用化学方法破坏固体废物中的有害成分从而达到无害化，或将其转变成为适于进一步处理、处置的形态，如氧化、还原、化学沉淀等。

3. 生物处理

利用微生物分解固体废物中可降解的有机物，从而达到无害化或综合利用的目的，如好氧堆肥、厌氧消化产沼气等。

4. 固化/稳定化处理

通过化学转变或者物理过程将污染物固定或包覆在固化基材中，以降低其溶解性、迁移性和毒性的过程，从而可降低其对环境的危害，能较安全地进行运输、处理和处置。常用的方法有水泥固化、塑性材料（如沥青）固化、有机聚合物固化、熔融（玻璃）固化、高温烧结固化、化学稳定化等。

（二）固体废物处置方法概述

固体废物处置是指对已无回收价值或确定不能再利用的固体废物（包括危险废物）最终置于符合环境保护规定要求的场所或者设施并不再回取的活动。这里所指的处置是指最终处置或安全处置，是固体废物污染控制的末端环节，也是固体废物全过程管理中的最重要环节。通常需根据所处置固体废物对环境危害程度的大小和危害时间的长短，区别对待，分类管理，对危险废物要实行集中处置。

目前应用最广泛的固体废物的最终处置方法是土地填埋。根据废物填埋的深度可以划分为浅地层填埋和深地层填埋；根据处置对象的性质和填埋场的结构形式可以分为惰性填埋、卫生填埋和安全填埋等。对于一般工业固体废物贮存和处置场的建设，根据产生的工业固体废物的性质差异，又可分为Ⅰ类和Ⅱ类贮存和处置场。

目前被普遍承认的主要是卫生填埋和安全填埋两种。前者主要处置生活垃圾等一般废物，后者则主要以危险废物为处置对象。这两种处置方式的基本原则是相同的。事实上，安全填埋在技术上完全可以包含卫生填埋的内容。为防止固体废物对环境的扩散污染，保证有害物质不对人类及环境的现在和将来造成不可接受的危害，都采用地质屏障系统、废物屏障系统和密封屏障系统相结合的方式使固体废物最大限度地与生物圈隔离。其中，地质屏障系统制约了固体废物处置场工程安全和投资强度。如果经查明地质屏障系统性质优良，对废物有足够强的防护能力，则可简化废物屏障系统和密封屏障系统的技术措施。

三、固体废物管理

固体废物管理是指运用环境管理的理论和方法，通过法律、经济、技术、教育和行政等手段，鼓励废物资源化利用和控制固体废物污染环境，促进经济与环境协调的可持续发展。

(一) 固体废物管理的法规政策

1. 固体废物管理的法规制度

目前，我国对固体废物的立法管理主要分为国家制定的法律、各行政管理部门制定的行政法规和我国与国际组织签订的国际公约三个层面。其中《中华人民共和国固体废物污染环境防治法》（以下简称《固废法》）是最基本、最重要的国家法律。

根据我国国情，并借鉴国外的经验教训，《固废法》制定了一些行之有效的管理制度，包括分类管理制度、工业固体废物申报登记制度、固体废物污染环境影响评价制度及其防治设施的"三同时"制度、排污收费制度、限期治理制度、进口废物审批制度、危险废物行政代执行制度、危险废物经营单位许可证制度和危险废物转移报告单制度等。

目前，环境污染已不仅是某个国家的问题，而是正在变成一个全球性的问题。并且，随着我国加入世界贸易组织，我国越来越多地参与国际范围内的环境保护工作，已签署并将继续签署越来越多的国际公约。

2. 固体废物管理的技术政策

《固废法》确立我国对固体废物污染环境的防治技术政策为：全过程管理、危险废物优先管理和"三化"管理。

（1）全过程管理

全过程管理即"从摇篮到坟墓"的废物管理系统，指对固体废物的产生（"摇篮"）、收集、运输、利用、贮存、处理、最终处置（"坟墓"）的全过程及各个环节进行追踪和实施控制管理与开展污染防治。

（2）危险废物优先管理

由于危险废物具有较大的危害性，要进行优先控制。

（3）"三化"管理

"三化"管理即对固体废物的处理处置过程进行"减量化、资源化、无害化"管理。资源化必须以无害化为前提，而减量化和无害化应以资源化为目标。

减量化是指通过采取适当的管理措施和技术手段减少固体废物的产生量和排放量。有两条途径：一是通过改革工艺、产品设计或改变社会消费结构和废物发生机制，从源头上减少固体废物的产生量；二是通过分选、压缩、焚烧等有效的处理利用措施来减少固体废物的排放量。

资源化有时也称为综合利用，是指通过对废物中的有用物质进行回收、加工、循环利用或其他再利用，使废物直接转变成产品或转化为能源及二次资源。废物资源化可归纳为三个方面：物质回收、物质转换和能源转换，如从废物中回收易拉罐、纸张、玻璃、金属，用炉渣生产建筑材料，垃圾焚烧发电等。资源化应遵循"大宗利用""多用途开发""高附加值产品"的原则，在获得环境效益和社会效益的同时，也可获取较高的经济效益。

无害化是指通过生物分解、热解、焚烧、填埋等技术工程对固体废物进行处理与处置，使其不对环境产生污染，不对人体健康产生影响。

3. 固体废物管理的经济政策

(1) "生产者延伸责任制"政策

为了避免"排污收费"政策在执行过程中效率较低的问题，一些国家制定了"生产者延伸责任制"政策。它规定产品的生产者（或销售者）对其产品被消费后所产生的废弃物的处理处置负有责任。

(2) "押金返还"制度

"押金返还"制度是指在产品销售时附加一项额外的费用，在回收这些产品废弃物时，把押金返还给购买者的一种制度安排。主要是针对一些分散不易收集的、不具有或只具有较少的经济价值、有潜在污染性或可回收利用的产品废弃物，如电池、饮料瓶等，适当的押金能起到激励返还的作用，是一种成本最低、最有效的政策。其目的有两个：一是阻止违法或不适当地处置具有潜在危害的产品废弃物，避免不适当处置导致产生更高的社会成本，将可能产生的负外部性内部化；二是部分废弃物可以循环利用，节约原材料，降低成本。

(3)"税收、信贷优惠"政策

"税收、信贷优惠"政策是指通过税收的减免、信贷的优惠，鼓励和支持从事固体废物管理和资源化的企业，促进环保产业长期稳定地发展。

(4)"垃圾填埋费"政策

"垃圾填埋费"政策是指对进入卫生填埋场进行最终处置的垃圾再次收费。在欧洲使用较为普遍。其目的是鼓励废物的回收利用，提高废物的综合利用率，以减少废物的最终处置量，以缓解填埋土地短缺的问题。

(二) 固体废物管理的技术标准

1. 固体废物分类标准

固体废物分类标准主要用于对固体废物进行分类，如《国家危险废物名录》、《危险废物鉴别标准》系列标准等。

2. 固体废物监测标准

固体废物监测标准主要用于对固体废物的环境污染进行监测，包括样品的采集、制备、处理和分析等，如《工业固体废物采样制样技术规范》《固体废物浸出毒性浸出方法》《生活垃圾填埋场环境监测技术标准》等。

3. 固体废物污染控制标准

固体废物污染控制标准是对固体废物环境污染进行控制的标准。可分为废物处置控制标准和设施控制标准两类，如《含多氯联苯废物污染控制标准》《再生铜、铝、铅、锌工业污染物排放标准》《水泥窑协同处置固体废物污染控制标准》《生活垃圾填埋场污染控制标准》《生活垃圾焚烧污染控制标准》等。它是环境影响评价制度、"三同时"制度、限期治理和排污收费等一系列管理制度的基础，因而是所有固体废物管理标准中最重要的标准。

4. 固体废物综合利用标准

固体废物资源化利用在固体废物管理中具有重要的地位。为大力推行固体废物的综合利用技术，并避免在综合利用过程中产生二次污染，中华人民共和国生态环境部已经制定一系列有关固体废物综合利用的规范、标准，如《城镇污水处理厂污泥处置园林绿化用泥质》《钒钛磁铁矿冶炼废渣处置及回收利用技术规范》等。

第二节 固体废物处理方法

一、收运

固体废物收运是指将固体废物从产生源收集、运输到贮存点或处理、处置场所的过程，它是固体废物处理系统的一个重要环节，在整个处理成本中占比很高。因而，优化选择合理的收集、运输方式和路线非常必要。

固体废物的收集主要有混合收集和分类收集两种形式。分类收集是根据废物的种类和组成分别进行收集，可以提高废物中有用物质的纯度，有利于废物综合利用；同时，可减少需要后续处理处置的废物量，从而降低整个管理的费用和处理处置成本。因此，世界各国均大力提倡分类收集。

对固体废物进行分类收集时，一般应遵循如下原则：工业废物与生活垃圾分开；危险废物与一般废物分开；可回收利用物质与不可回收利用物质分开；可燃性物质与不可燃性物质分开。

（一）工业固体废物的收集与运输

工业固体废物处理的原则是"谁污染，谁治理"。一般来说，产生废物较多的企业均设有处理设施、堆放场或处置场，收集、运输工作自行负责；一些没有处理处置能力的生产单位产生的零星、分散的固体废物，则由政府指定的专门机构负责，统一收运管理，并配备管理人员，设置废料仓库，建立各类废物"积攒"资料卡，开展收集和分类存放活动。收集的品种有黑色金属、有色金属、橡胶、塑料、纸张、破布、棉、麻、化纤下脚、牲骨、人发、玻璃、料瓶、机电五金、化工下脚、废油脂等16个大类1000多个品种；对有害废物，专门分类收集，分类管理。

（二）生活垃圾的收运

生活垃圾的收运通常包括三个阶段：

1. 运贮

运贮即垃圾的收集、搬运与贮存，是指由垃圾产生者或环卫系统将垃圾从产生源送至贮存容器（垃圾桶）或集装点的过程。

2. 清运

清运即垃圾的收集与清除，是指用清运车按一定路线收集清除贮存容器中的垃圾并送至堆场或中转站的过程，一般该过程的运输路线较短，故也称为近距离运输。

3. 转运

转运也称远距离运输，即大型垃圾运输车将垃圾自中转站运输至最终处置场的过程。这三个过程构成一个收运系统，该系统是城镇生活垃圾处理系统的一个重要环节，耗资大，操作复杂。生活垃圾收运系统费用通常占到整个垃圾处理系统的60%～80%，因此，需科学地制订垃圾收运计划，确定合理的清运操作方式，合适的收集清运车辆型号、数量和机械化装卸程度，适当的清运次数、时间及劳动定员，以及合理可行的清运路线。

生活垃圾收运系统根据其操作模式分为移动容器系统（hauled container system，HCS）和固定容器系统（stationery container system，SCS）两种。前者是指将某集装点装满的垃圾连容器一起运往中转站或处理处置场，卸空后再将空容器送回原处（一般法）或下一个集装点（修改法）。后者是指用垃圾车到各容器集装点装载垃圾，容器倒空后固定在原地不动，车装满后运往转运站或处理处置场。每个系统均可以分解为四个操作单元：集装；运输；卸载；非生产。收集成本的高低，主要取决于收集时间长短，因此对收集操作过程的不同单元时间进行分析，可以建立设计数据和关系式，求出某区域垃圾收集耗费的人力和物力，从而计算收集成本。

（三）危险废物的收运与贮存

1. 危险废物的收集

危险废物产生单位进行的危险废物收集包括两个方面：一是在危险废物产生节点将危险废物集中到适当的包装容器中或运输车辆上的活动；二是将

已包装或装到运输车辆上的危险废物集中到危险废物产生单位内部临时贮存设施的内部转运。收集之前应根据危险废物产生的工艺特征、排放周期、危险废物特性、废物管理计划等因素制订收集计划和详细的操作规程，内容至少应包括收集目标、适用范围、操作程序和方法、专用设备和工具、转移和交接、安全保障和应急防护等。

危险废物收集时应根据危险废物的种类、数量、危险特性、物理形态、运输要求等因素确定包装形式，具体要求如下：①包装材质要与危险废物相容，可根据废物特性选择钢、铝、塑料等材质。②性质类似的废物可收集到同一容器中，不相容（相互反应）的废物严禁混装入同一容器内。③危险废物包装应能有效隔断危险废物迁移扩散途径，并达到防渗、防漏要求。此外，盛装过危险废物的包装袋或包装容器破损后应按危险废物进行管理和处置。

危险废物的产生部门、单位或个人，均必须有安全存放危险废物的装置，如钢桶、钢罐、塑料桶（袋）等。一旦危险废物产生出来，必须依照法律规定迅即将它们妥善地存放于这些装置内，并在容器或贮罐外壁清楚标明内盛物的类别、数量、装进日期以及危害说明。除剧毒或某些特殊危险废物，如与水接触会发生剧烈反应或产生有毒气体和烟雾的废弃物、氟酸盐或硫化物含量超过1%的废弃物、腐蚀性废弃物、含有高浓度刺激性气味物质（如硫醇、硫化物等）的废弃物、含可聚合性单体的废弃物、强氧化性废弃物等，须予以密封包装之外，大部分危险废物可采用普通的钢桶或贮罐盛装。危险废物产生者应妥善保管所有装满废弃物待运走的容器或贮罐，直到它们运出产地做进一步贮存、处理或处置。

2. 危险废物的贮存

危险废物贮存可分为产生单位内部贮存、中转贮存及集中性贮存。所对应的贮存设施分别为：产生危险废物的单位用于暂时贮存的设施；拥有危险废物收集经营许可证的单位用于临时贮存废矿物油、废镍镉电池的设施；危险废物经营单位所配置的贮存设施。其选址、设计、建设及运行管理应满足《危险废物贮存污染控制标准》和有关职业卫生标准的相关要求。

危险废物的贮存设施一般由砖砌的防火墙及铺设有混凝土地面的若干房式构筑物组成，基础必须防渗处理，防渗层采用至少1m厚的黏土层或2mm厚的高密度聚乙烯防渗；室内应保证空气流通，以防止具有毒性和爆炸性的气体积聚而产生危险；还应配备通信设备、照明和消防设施。贮存危险废物时应按危险废物的种类和特性进行分区贮存，每个贮存区域之间宜设置不渗透挡墙间隔，并应设置防雨、防火、防雷、防扬尘装置。在常温常压下不水解、不挥发的固体危险废物可在贮存设施内分别堆放，其他废物必须装入容器中存放；常温常压下易燃、易爆及排放有毒气体的危险废物必须进行预处理，使之稳定后贮存，否则要按易燃、易爆危险品贮存，并应配置有机气体报警、火灾报警装置和导出静电装置。此外，危险废物贮存的设施贮存废弃剧毒化学品还应充分考虑防盗要求，采用双钥匙封闭式管理，派遣专人24h看管。

转运站的位置宜选择在交通路网便利的场所或者附近，由设有隔离带或埋于地下的液态危险废物贮罐、油分离系统及盛有废弃物的桶或罐等库房群组成。站内工作人员应负责废弃物的交接手续，按时将所收存的危险废物如数装进运往处理场的运输车厢，并责成运输者负责途中安全。

3. 危险废物的运输

危险废物的主要运输方式为公路运输。危险废物运输应由持有危险废物运营许可证的单位按照其许可证的经营范围组织实施，承担危险废物运输的单位应获得交通运输部门颁发的危险货物运输资质，并按相关法律法规严格执行运输。例如，载有危险废物的车辆必须有明显的标志或危险符号标识；负责危险废物运输的司机应由经过培训并持有证明文件的人员担任，必要时须有专业人员负责押运工作；组织危险废物运输的单位，事先应制订周密的运输计划，确定好行驶路线，并提出废弃物泄漏时的有效应急措施等。

另外，危险废物运输时的中转、装卸过程应遵守如下要求：

①装卸区工作人员应熟悉废物的危险特性，并配备相应的个人保护

装备。

②卸载区配备必要的消防设备和设置显眼的指示标志。

③装载区应设置隔离设施，液态废物卸载区应设置收集槽和缓冲罐。

④危险废物转移运输过程严格执行"联单制度"，即产生单位、运输单位和接受单位应按规定申领、填写联单。联单分5联，详细记录危险废物的名称、数量、特性、形态、包装方式等信息，分别由危险废物产生单位、移出地环境保护主管部门、运输单位、废物接受单位、接受地环境保护主管部门存档保留。联单保存期限一般为5年。贮存危险废物的，其联单保存期限与危险废物贮存期限相同。环境保护行政主管部门认为有必要延长联单保存期限的，产生单位、运输单位和接受单位应当按照要求延期保存联单。

二、预处理

预处理是为了对固体废物进行有效的分选、处理与处置，以便从中回收有用成分，节省处理、处置费用而进行的破碎、压实等处理过程。

（一）破碎

破碎是指通过外力作用，使大块固体废物分裂成小块的过程；使小块固体废物分裂成细粉的过程称为磨碎，也有把破碎和磨碎统称为粉碎的。

破碎是固体废物处理使用最多的方法之一，其目的是使固体废物转变成适于进一步分选、处理或处置的形状和大小，或实现单体分离，以提高分选、堆肥、焚烧、热解、运输和填埋等作业的稳定性和效率，防止粗大、锋利的固体废物损坏后续处理处置的设施。

1. 破碎方法及选择

根据固体废物破碎原理，破碎方法可分为挤压、剪切、劈裂、折断、磨剥和冲击等。

选择破碎方法时，需视固体废物的机械强度（特别是废物的硬度）而定。对于脆硬性废物，如各种废石和废渣等，宜采用挤压、劈裂、冲击和磨剥破碎；对于柔硬性废物，如废钢铁、废汽车、废器材和废塑料等，多采用冲击或剪切破碎；对于粗大固体废物，需先将其切割、压缩到适当尺寸，再送入破碎机内破碎。对于常温下难以破碎的柔韧性废物，如废塑料及其制品、废橡胶及其制品、废电线等，可采用冷冻或超声波协助粉碎。

一般来说，破碎机破碎废物时，都有两种或两种以上的破碎方法同时发生作用。

2. 破碎设备及工作原理

（1）冲击式破碎机

冲击式破碎机大多是利用旋转式锤子的冲击作用进行破碎的设备。

废物送入破碎腔内，立即遭受高速旋转的锤子的打击、冲击、剪切、研磨等作用而被破碎。小于筛孔的破碎物料通过安装在转子下方的筛板排出，大于筛孔的物料被阻留在筛板上继续受到锤头的冲击和研磨，最后通过筛板排出。

这种机械主要用于破碎中等硬度且腐蚀性弱、体积较大的固体废物，如家具、电视机、杂器等生活废物，以及纤维结构物质、石棉水泥废料等。对于破布、金属丝等废物可通过月牙形、齿状打击刀和冲击板间隙进行挤压和剪切破碎。

锤式破碎机的优点是破碎比大，适应性强，构造简单，易于维护；缺点是噪声大，震动大，粉尘多，故需采取隔离和防震措施。

（2）剪切破碎机

剪切破碎机是通过刀口之间的啮合作用，将固体废物切开或割裂成适宜的形状和尺寸。特别适合破碎低二氧化硅含量的松散废物。

目前广泛使用的剪切式破碎机主要有Lindemann型剪切式破碎机、Von Roll型往复剪切式破碎机、旋转剪切式破碎机等。

Lindemann型剪切式破碎机是一种最简单的剪切式破碎机。它借助于预压机压缩盖的闭合将废物压碎，然后再经剪切机剪断，剪切长度可由推杆控制。

Von Roll型往复式剪切机的固定刀和活动刀呈V字形交错排列，当V

字形闭合时，废物被挤压破碎，破碎物大小约 30cm。这种破碎机适合松散的片、条状废物的破碎。

旋转剪切式破碎机是依靠高速转动的旋转刀和固定刀之间的间隙挤压和剪切破碎，兼具冲击式破碎机和剪切式破碎机的特点。这种机械适用于家庭生活垃圾的破碎。

剪切式破碎机的优点是噪声小、粉尘小、出料粒度均匀；缺点是不利于分类，而且刀口容易受杂质影响。

(3) 颚式破碎机

颚式破碎机属于挤压形破碎机械，分为简单摆动型与复杂摆动型两种。其主要部件为固定颚板、可动颚板、连接于传动轴的偏心转动轮。简单摆动型破碎机的可动颚板不与偏心轮轴相连，在偏心轮的驱动下做简单往复运动，进入两板间的废物被挤压而破碎。复杂摆动型的可动颚板与偏心轮挂于同一传动轴上，因此既有往复运动，又有上下摆动，废物因挤压与磨挫作用而被破碎。这种机械适用于中等硬度的脆性物料，如冶金、建材和化工废物的破碎。其优点是结构简单，不易堵塞，维修方便；缺点是能量消耗大，生产效率低，破碎粒度不均。

(4) 辊式破碎机

辊式破碎机分为光辊破碎机和齿辊破碎机。光辊破碎机的辊子表面光滑，主要破碎作用为挤压与研磨，可用于硬度较大的固体废物的中碎或细碎。齿辊破碎机辊子表面设有破碎齿牙，其主要破碎作用为劈裂，适用于脆性物料的处理，也可用于堆肥物料的破碎。

(二) 压实

固体废物的压实也称压缩，是通过外力加压于松散的固体废物上，以缩小其孔隙体积、增大密度的一种操作方法。废物压实有两个作用：一是减少容积，便于装卸和运输，节省填埋或贮存场地；二是制取高密度惰性材料，便于贮存、填埋或再利用。例如，生活垃圾的容重一般为 $0.1 \sim 0.6 t/m^3$，通过压缩可达到 $1.0 \sim 1.38 t/m^3$，垃圾体积可缩小至原来的 $1/10 \sim 1/3$，可以大大节约装卸、运输和填埋的费用；花生壳、木屑等废物可压制成高密度板材再利用。

1. 压实原理和压缩比

自然堆放的固体废物，其表观体积是废物颗粒有效体积与孔隙占有的体积之和，当对固体废物实施压实操作时，各颗粒间相互挤压、变形或破碎，达到重新组合的效果。随压力的增大、孔隙体积减小，表观体积也随之减小，而容重增大。

压实程度可以用压实前后废物体积的减少程度或容重的增大程度来表示。常用的度量指标是压缩比，即固体废物经过压实处理前后的体积比，计算公式如下：

$$R = \frac{V_i}{V_f} \tag{5-1}$$

式中：R——固体废物体积压缩比；

V_i、V_f——废物压缩前、后的体积。

压缩比取决于废物的种类及施加的压力。

适合压实处理的主要是压缩性能大而复原性小的物质，如填埋垃圾、松散废物、纸箱、纤维、金属加工细丝等；而一些强度大的刚性材料、易燃易爆材料、含水废物、易腐烂的废物，如大块的木材、金属、玻璃、重塑料、焦油和污泥等则不宜做压实处理。所以，压实前一般需先将废物进行适当分类。

压实过程施加的压力越大，压实效果越好。当固体废物为均匀松散物料，如生活垃圾，压力为每平方厘米几千克力至几百千克力时，压缩比可达到 3~10。当废物比较粗大时，结合适当的破碎技术，可以达到更好的压缩效果。

2. 压实设备及选择

根据操作情况，固体废物的压实设备可分为固定式和移动式两大类。凡采用人工或机械方法（液压方式为主）把废物送进压实机械中进行压实的设备称为固定式压实器。各种家用小型压实器、废物收集车上配备的压实器及中转站配置的专用压实机等均属固定式压实设备。而移动式压实器是指在填埋现场使用的轮胎式或履带式压土机、钢轮式布料压实机以及其他专门设计的压实机具。

(1) 固定式压实器

固定式压实器通常由一个容器单元和一个压实单元组成。容器单元通过料箱或料斗接受固体废物，并把它们送入压实单元。压实单元通常装有液压或气压操作的压头，利用一定的挤压力把固体废物压成致密的块体。

常用的固定式压实器主要有水平式、三向联合式和回转式。其中水平压实器常作为转运站固定型压实操作使用；三向联合压实器适合于压实松散的金属废物和松散的垃圾，压实致密的块体尺寸一般在200～1000mm；回转式压实器的压头2可以旋转运动，适用于压实体积小、质量小的固体废物。

除了以上形式的压实器外，还有袋式压实器。这类压实器中装填一个袋子，当废物压满时必须移走，并换上另一个空的袋子。它们适合于工厂中某些均匀类型废物的收集和压缩。

(2) 移动式压实设备

带有行驶轮或可在轨道上行驶的压实器称为移动式压实器。移动式压实器主要用于填埋场压实填埋废物，也安装在垃圾车上压实垃圾车所接受的废物。

移动式压实器按压实过程工作原理不同，可分为碾（滚）压、夯实、振动三种，相应的压实器分为碾（滚）压实机、夯实压实机、振动压实机三大类，固体废物压实处理主要采用碾（滚）压方式。现场常用的压实机主要包括胶轮式压土机、履带式压土机和钢轮式布料压实机等。

(3) 压实器的选择

为最大限度减容，获得较高压缩比，选择适宜的压实器，考虑的因素主要有：

①废物的性质及后续处理要求。废物的性质主要包括废物的处理量、废物尺寸、强度和含水率等，是选择压实器的基本依据。强度大和含水率大的废物不适宜采用压实处理。对于要综合利用的生活垃圾，考虑到压实后产生的水分对风选不利，是否采用压实应当综合考虑。

②压实器的性能基本参数，包括装料截面尺寸、循环时间、压面压力、压面行程、体积排率及压实速率等，循环时间越长、压面压力越大、压面行程越长，压实效果越好。实际压实设备的体积排率及压实速率常根据废物产率确定。

此外，还要考虑压实器与废物容器、处理场所及运输通道相匹配。

三、热处理

固体废物的热处理是指在高温条件下，使废物中的某些物质发生分解、氧化、还原、氯化、气化、溶解度改变等热化学历程，包括高温下的焚烧、热解、湿式氧化、煅烧、焙烧、烧结及等离子体电弧分解、微波分解等。热处理方法适用于对废物中某一成分或性质相近的混合成分进行处理，不宜处理成分复杂的废物。其中煅烧、焙烧、烧结等多用作矿业固体废物和工业废渣等化学预处理作业，为下步处理做准备；其他热处理方法多用于有机废物的处理，具有很好的减量化和无害化效果，同时还能回收能量或物质。热处理方法中应用最广泛的是焚烧和热解。

（一）焚烧

固体废物焚烧处理是指将固体废物投入高温（800~1000℃）焚烧炉内，其中的可燃成分与空气中的氧气发生剧烈的化学反应，转化为高温的燃烧气体和性质稳定的固体残渣，并放出热量的过程。

经过焚烧处理，固体废物可以减容80%~90%；可以破坏有毒有害废物、杀灭细菌和病毒，达到解毒、除害的目的；残渣性质稳定，可做建材使用，若后续填埋也可以节约大量用地；产生的大量高温烟气，可通过发电或供热而回收能源。因此，焚烧是一种可同时实现废物无害化、减量化和资源化的处理技术；适宜处理有机成分多、热值高的废物，广泛应用于生活垃圾、危险废物和一般工业废物的处理。

1. 焚烧过程及原理

废物进行焚烧处理，必须具备三个基本条件：可燃物质（有时还需要助燃物质）、引燃火源和着火条件。可燃物质着火燃烧实际是燃烧系统中与热力学、动力学和流体力学等有关的各种因素共同作用的结果。

废物从送入焚烧炉到形成烟气和固态残渣的整个过程总称为焚烧过程。

焚烧过程是一个包括热分解、熔融、蒸发和化学反应等一系列物理变化和化学反应的复杂系统工程，大体上可分为干燥、燃烧和燃尽三个阶段。

(1) 干燥阶段

干燥阶段是指从废物送入焚烧炉起，到废物开始析出挥发成分和着火的这段时间。

废物送入焚烧炉后，通过高温烟气、火焰、高温炉料的热辐射和热传导，首先被加热升温，水分蒸发，废物不断干燥。当水分基本析出完后，物料温度开始迅速上升，直到着火燃烧。废物含水越多，越难升温至着火燃烧，所需干燥时间也越长，有时还需要投入辅助燃料燃烧产热，以提高炉温，改善干燥着火条件。

我国城市生活垃圾含水率较高，一般在40%～60%，因此，焚烧的干燥阶段非常重要。

(2) 燃烧阶段

燃烧阶段是指废物开始着火至强烈的发光氧化反应结束的这段时间。

根据可燃物质的种类和性质不同，固体物质的燃烧一般可划分为三种：蒸发燃烧、分解燃烧和表面燃烧。含碳固体废物的燃烧大都属于分解燃烧，废物受热后先分解为可挥发性组分和固定碳，然后可挥发性组分中的可燃性气体进行扩散燃烧，固定碳与空气接触进行表面燃烧。挥发性组分的燃烧是均相的反应，反应速度快；而固体物质的表面燃烧是不均相的，速度要慢得多。虽然燃烧阶段一般都供给过量空气，以提供充足的氧气与炉中废物有效接触发生燃烧反应，但由于废物组分的复杂性和其他因素的影响，仍会存在一些废物燃烧不完全的现象。

(3) 燃尽阶段

燃尽阶段是指主燃烧阶段结束至燃烧完全停止的这段时间。此时，参与反应的物质的量大大减少了,而反应生成的惰性物质、气态的 CO_2、H_2O 和固态的灰渣则增加了。由于灰层的形成和惰性气体的比例增加,使剩余的氧化剂难以与物料内部未燃尽的可燃成分接触并发生氧化反应,燃烧过程因此减弱。此时,物料周围温度的降低也不利于反应的继续进行。因此,要使物料中未燃尽的可燃成分燃烧干净,就必须延长燃烧过程,同时补充空气,翻动残渣,使之能够有足够的时间与空气充分接触,尽可能完全燃烧掉。

2. 焚烧效果的影响因素

固体废物的焚烧效果,受许多因素的影响,如焚烧炉类型、固体废物性质、废物停留时间、焚烧温度、混合程度、过剩空气率,以及固体废物料层厚度、运动方式、空气预热温度、进气方式、燃烧器性能、烟气净化系统阻力等。以下介绍几个主要的影响因素。

(1) 固体废物性质

废物的三组分:水分、可燃分(挥发分和固定碳)和灰分,是影响焚烧效果的关键因素。其成分和含量决定了废物的热值和焚烧治理的难易程度,常用于指导废物焚烧炉的设计。

(2) 焚烧温度

废物的焚烧温度是指废物中可燃成分(特别是有害成分)在高温下氧化、分解直至破坏所需达到的温度。它比废物的着火温度要高得多。

一般来说,提高焚烧温度有利于废物中有机毒物的分解与破坏,并可抑制黑烟的产生和减少燃烧所需的时间。但过高的焚烧温度不仅会增加辅助燃料消耗,而且会增加废物中金属的挥发量和氮氧化物的产生量,容易引起二次污染,并会损坏焚烧炉的耐火防护层和锅炉管道。因此,适宜的焚烧温度应在一定的停留时间下由实验确定。

大多数有机废物的焚烧温度为 700～1000℃,通常在 800～900℃为宜。目前一般要求生活垃圾焚烧温度在 850～950℃,医疗垃圾、危险固体废物的焚烧温度要达到 1150℃。而对于危险废物中的某些较难氧化分解的物质,甚至需要在更高温度和催化剂作用下进行焚烧。

（3）停留时间

焚烧停留时间是指固体废物或燃烧气体在焚烧炉内的停留时间。废物进入炉内的形态，如固体废物颗粒大小、液体雾化后液滴的大小以及黏度等，对焚烧所需停留时间影响很大。当废物的颗粒粒径较小时，与空气接触表面积大，则氧化、燃烧条件好，停留时间就可短些。

停留时间长短直接影响废物的焚烧效果和尾气组成等，也是决定焚烧炉容积尺寸和燃烧能力的重要依据。停留时间越长，焚烧反应越彻底，焚烧效果就越好，但焚烧炉处理量减小，投资增加；反之，则废物会燃烧不完全，造成二次污染大。通常要求垃圾焚烧停留时间在1.5～2h以上，烟气停留时间在2s以上。

（4）混合程度

混合程度是指固体废物与助燃空气、燃烧气体与助燃空气的混合程度。为增大废物与空气的混合程度，焚烧炉采用的搅动方式有：空气流扰动、机械炉排扰动、流态化扰动及旋转扰动等，其中以流态化扰动方式效果最好。小型焚烧炉多属于固定炉床式，常通过空气流扰动；大中型焚烧炉一般都采用机械炉排扰动。

（二）热解

热解是利用有机物的热不稳定性，在无氧或缺氧条件下，使有机物在高温下分解，最终成为可燃气、油、固形炭的过程。它是废弃物资源化的一种重要方式。适宜热分解的有机废物有：废塑料（含氯者除外）、废橡胶、废轮胎、废油及油泥、废有机污泥和农林废物。

1. 热解原理及影响因素

固体废物的热解是一个非常复杂的化学反应过程，包含了大分子键的断裂、异构化和小分子的聚合等反应，最后生成各种形态的较小分子。

影响有机固体废物热解的因素很多，主要有物料特性、反应温度、加热方式和加热速率等。

①废物特性包括废物成分、粒度和含水率等，直接影响热解化学反应及系统能量平衡，从而影响到废物产量和成分。废物有机物含量大、含水率

低、颗粒小，则可热解性好，产品热值高、可回收性好，残渣少。

②反应温度是热解过程最重要的控制参数。温度变化对产品产量、成分比例有较大的影响。一般来说，热解温度与气体产量成正比，而各种液体物质和固体残渣均随分解温度的增加而相应减少。通过控制热解反应器的温度可有效改变产物的产量和成分。热解按温度可分为：低温热解（600℃以下）、中温热解（600~700℃）和高温热解（1000℃以上）。农林废物制炭和水煤气属于低温热解，废轮胎、废塑料热解造油通常采用中温热解；高温纯氧直接加热可将废渣熔融生产出玻璃态渣，可用作建材骨料。

③加热方式分直接加热和间接加热两种方式。直接加热是通过部分废物有氧燃烧释放热量加热周围的其他物料，特点是传热好，但回收气体热值低。间接加热是先加热介质，然后通过介质将热传导给物料，其特点是热效率低，但回收气体热值高。为提高间接加热的效率，往往需要将废物颗粒破碎至较细粒度。

④加热速率。加热速率的快慢直接影响固体废物的热解历程，从而也影响热解的产物。一般来说，加热速率较低时热解产品气体含量高；提高加热速率，则产品中的水分及有机物液体的含量逐渐增多。若是在低温、低速条件下，有机物分子有足够时间在其最薄弱的接点处分解并重新结合为热稳定性固体，则固体产率增加；在高温、高速条件下，热解速度快，有机物分子结构发生全面裂解，生成大范围的低分子有机物，产物中气体组分增加。

2. 热解工艺及设备

热解工艺系统包括前处理、进料系统、反应器、产品回收净化系统和污染控制系统。其中热解反应器是热解工艺系统的核心。按加热方式不同，热解反应器分为内热式单塔热解炉和外热式热解炉（双塔式热解炉和旋转窑）两大类。

(1) 内热式单塔热解炉

内热式单塔热解炉其特点是废物的燃烧和热解在一个反应器中进行。废物在炉内发生部分燃烧，以燃烧热使废物发生热分解。这种内热式单塔热解炉设备简单，炉内燃烧温度较高，废物处理量和产气率较高；但由于助燃空气带入的 N_2 和燃烧产生的 CO_2、H_2O 等混在热解气中，所产气体热值一般较低，为 4000～8000kJ/m^3，不能作为燃料直接利用。同时，由于燃烧温度较高，还可能产生 NO_x 污染问题。

（2）双塔式热解炉

双塔式热解炉其特点是热分解和燃烧反应分开在两个炉内进行。热媒介在焚烧炉内被加热后随烟气上升，经旋风分离后送入热解炉，在热解炉内与废物接触使之加热发生分解。由于在热分解炉内不混入燃烧废气，因此可以得到高热值燃料气，其热值可高达 15000～25000kJ/m^3。热解生成的炭及油品，导入燃烧炉内作为燃料使用，减少了固融物和焦油状物。在燃烧炉内只需少量空气满足炭燃烧所需即可，因而燃烧温度低，产生的 NO_x 少，外排废气少。

（3）旋转窑

旋转窑也是一种间接加热的高温分解反应器。其主体由一个耐火材料衬里的燃烧室和一个金属制成的倾斜圆筒（蒸馏器）组成，蒸馏器下方设有烧嘴，导入分解产生的可燃气燃烧加热器壁。废料随圆筒慢慢旋转移动经过蒸馏器到卸料口，在移动过程中与蒸馏器壁接触被传导加热分解。分解产生的气体热值较高，其中一部分在蒸馏容器外壁与燃烧室内壁之间的空间燃烧，用来加热器壁，另一部分作为可燃气回收利用。为保证器壁与废物之间的传热效果，要求废物必须破碎较细（小于5cm）。

第三节 固体废物处置方法

一、生活垃圾卫生填埋

卫生填埋是指采取防渗、铺平、压实、覆盖等措施对固体废物进行填埋处置和对填埋气体、渗沥液等进行收集治理利用。其处理场地称为卫生填埋场（以下简称填埋场），处置对象主要是生活垃圾、建筑垃圾和炉渣等。

（一）填埋场的规划设计

卫生填埋场规划设计的主要内容有：选址、容量和年限计划、分区计划。

1. 选址

卫生填埋场场址的选择是填埋场全面规划设计的第一步，必须以场地详细调查、工程设计和费用研究以及环境影响评价为基础，遵循环境保护、经济合理、工程学及安全生产的原则，对场址的地形、地貌、植被、地质、水文、气象、供电、给排水、覆盖土源、交通运输及场址周围居民情况等，进行综合评定来确定。

2. 容量和年限计划

卫生填埋场地的面积和容量与城市的人口数量、垃圾的产率、填埋场的高度、垃圾与覆盖材料量之比，以及填埋后的压实密度有关。通常，场地的容量至少供使用 10~20 年，覆土和填埋垃圾之比为 1∶4 或 1∶3，填埋后废物的压实密度为 500~700kg/m³。

卫生填埋场容量计算方法有多种，式（5-2）是工程上比较常用的近似计算法：

$$V_t = (1-f) \times \frac{365Wt \times (1+\varphi)}{\rho} \qquad (5-2)$$

式中：V_t——使用 t 年的卫生填埋场容积，m³；

f——体积减小率，一般取 0.15~0.25；

t——填埋年限，a；

W——每日计划垃圾填埋量，kg/d；

ρ——压实后垃圾的平均密度，可高达 750~950kg/m³；

φ——填埋时覆土体积占垃圾的比率，一般取 0.15~0.25。

通过测量计算确定填埋高度为 H，则填埋库区用地面积

$$A = (1.05 \sim 1.20) \times \frac{V_t}{H} \qquad (5-3)$$

3. 分区计划

填埋是一个逐步推进的过程，需要采用分区分单元的作业方式。理想的分区计划应使每个填埋区能在尽可能短的时间内封顶覆盖，以减少地表水的积蓄和渗滤液的产生。常见的填埋分区填埋方式主要有水平分区方式和垂直分区方式。

（二）填埋工艺

卫生填埋场系统主要由防渗系统、渗滤液收集及处理系统、填埋气体收集及利用系统、封场及生态修复系统、垃圾坝及道路系统、截洪/导洪系统、其他辅助工程（给排水、供电）等组成，其中最重要的是防渗系统、渗滤液收集及处理系统、填埋气体收集及利用系统。

生活垃圾由垃圾运输车辆运至填埋场，经地衡称重计量后，由厂区道路和场内临时道路进入填埋区作业面，在现场管理人员的指挥下，在限定范围内卸料、推平为40~75cm的薄层，然后压实。每天的垃圾压实高度宜为2~4m，然后覆土15cm，即成为一个填埋单元。具有同样高度的一系列相互衔接的填埋单元构成一个填埋层。按上述工序完成的卫生填埋场由一个或几个填埋层组成。当填埋到最终的设计高度以后，再在该填埋层上面盖一层90~120cm的土壤，压实后就成为一个完整封场的卫生填埋场。

（三）填埋场渗滤液的收集处理

1. 填埋场防渗系统构成

防渗系统是卫生填埋场最重要的构成之一，其作用是将填埋场内外隔绝，防止渗滤液进入地下水；阻止场外地表水、地下水进入废物填埋体，以减少渗滤液产生量；同时也有利于填埋气体的收集和利用。它通常包括渗滤液收集导流系统、防渗层、保护层、基础层和地下水收集导排系统。

（1）渗滤液收集导流系统

包括导流层、盲管和渗滤液导排管道等。该层上部直接与填埋垃圾接触，主要功能是收集由垃圾堆体中流出的渗滤液，并将其导出填埋场外，不对防渗层造成破坏。导排系统中的所有材料应具有足够的强度，以承受垃圾、覆盖材料等荷载及操作设备的压力。导流层应选用卵石或碎石等材料，材料的碳酸钙含量不应大于10%,铺设厚度不应小于300mm,渗透系数不应小于1×10^{-3}m/s;在四周边坡上宜采用土工复合排水网等土工合成材料作为排水材料。盲沟内的排水材料宜选用卵石或碎石等材料,宜采用HDPE穿孔管排水。

(2) 防渗层

防渗层是由透水性小的防渗材料铺设而成的,应覆盖垃圾填埋场场底和四周边坡,形成完整的、有效的防水屏障。其主要作用一是防止渗滤液进入地下水;二是阻止场外地表水、地下水进入废物填埋堆体。

防渗材料要求具有相应的物理力学性能、抗化学腐蚀能力和抗老化能力,能有效地阻止渗沥液透过,以保护地下水不受污染。主要有天然黏土材料、人工改性防渗材料和人工合成防渗材料。

(3) 保护层

一般采用不小于$600g/m^2$的无纺土工布,铺设于HDPE膜上和膜下,用来防止膜被尖锐的东西刺穿,以保护防渗层安全。

(4) 基础层

基础层是防渗层和保护层的基础,也是整个垃圾堆体压力承受层,分为场底基础层和四周边坡基础层。基础层应平整、压实、无裂缝、无松土,表面应无积水、石块、树根及尖锐杂物。

(5) 地下水收集导排系统

根据水文地质条件的情况设置,布置在防渗系统基础层下方,用于收集和导排地下水,防止地下水破坏防渗层和整个填埋堆体。

2. 渗滤液的收集和处理

(1) 渗滤液的收集导排系统

渗滤液收集导排系统的主要功能是将填埋场产生的渗滤液迅速收集输送至场外指定地点,减少浸出和下渗风险。它包括汇流系统和输送系统。其中汇流系统由砾卵石或碎(渣)石导流层、导流沟、穿孔收集管等构成。输送系统由集水槽(池)、提升多孔管、潜水泵、输送管道和调节池构成。填埋场内的渗滤液通过铺设在垃圾堆体内的导流层流入盲沟,并沿盲沟流入铺设在衬层上的多孔收集管，再由泵提升出堆体和排出场外，最后进入渗滤液处理设施。

（2）渗滤液的组成及性质

对于防渗密封系统完好的垃圾填埋场而言，渗滤液主要来自三个方面，即降水、废物含水和有机物分解生成水。其中降水包括降雨和降雪，对渗滤液产生量的贡献最大。

从安全角度考虑，可采用降雨量为渗滤液产生量作为计算依据。由此得

$$Q = C \cdot I \cdot A \cdot 10^{-3} \tag{5-4}$$

式中：Q——渗滤液产生量，m^3/d；

I——最大年或月平均日降水量，mm/d；

A——集水面积（垃圾填埋面积），m^2；

C——渗出系数，一般取 0.2~0.8。

考虑到填埋操作区、中间覆盖区和终场覆盖区的渗出系数不同，式（5-4）可转化为

$$Q = （C_1 A_1 + C_2 A_2 + C_3 A_3）\cdot I \cdot 10^{-3} \tag{5-5}$$

式中：C_1——操作区的渗出系数，一般取 0.5~0.8；

C_2——中间区的渗出系数，一般取 (0.4~0.6)C_1；

C_3——封场区的渗出系数，取 0.1~0.2。

垃圾渗滤液属于高浓度有机废水，具有污染成分复杂、水质水量变化大等特点。其中污染物的含量和成分取决于垃圾的种类和性质、填埋时间、填埋构造、当地气候和降水量等。

（3）渗滤液的处理

渗滤液性质的复杂多变性给渗滤液的处理处置带来极大的困难。目前渗滤液的处理方法主要有以下两种。

①回灌处理。

渗滤液回灌是将收集后的渗滤液再次回灌入填埋场，使渗滤液中的微生物、营养成分和水分回到填埋场中，可增强垃圾中微生物的活性，降低垃圾渗滤液中有害物质的浓度，加速产甲烷的速率，缩短垃圾渗滤液稳定化

进程。

②组合处理工艺。

由于渗滤液成分复杂、水质水量变化大，且含有有害成分，单一技术很难达到处理要求，需要通过生物、物理、化学等组合方法才能保证较好的处理效果。

(四) 填埋气体的收集与利用

1. 填埋气的收集系统

填埋场气体收集系统常与渗滤液导排系统联合设置，其作用是控制填埋气向大气的排放量和在地下的迁移，并回收利用甲烷气体。

填埋场气体收集分为被动收集和主动收集两种。

被动收集系统是利用填埋气自身压力进行迁移收集，主要设施包括被动排放井和管道、水泥墙和截留管等，无须外加动力系统，适用于垃圾填埋量不大、填埋深度浅、产气量较低的小型生活垃圾填埋场（<40000m³）。

主动收集系统的主要设施包括抽气井、集气输送管道、抽风机、冷凝液收集井和泵站、气体净化设备、填埋气利用系统（如发电系统）、气体监测设备等，适用于大型填埋场系统。它是在填埋场内铺设一些垂直的导气井或水平盲沟，用管道将这些导气井和盲沟连接至抽风机，利用抽风机将填埋场内的填埋气体抽出来，送去用户或发电。

现代填埋场都采用主动收集系统，分为水平集气系统和垂直集气系统。

水平集气系统主要适用于新建或正在运行的垃圾填埋场，即沿着填埋场纵向逐层横向布置水平收集管，直至两端设立的导气井将气体引出场面。水平集气管多采用 HDPE（或 UPVC）制成的多孔管，多孔管布设的水平间距为 50m，其周围铺砾石透气层。输送管道采用 $\varphi 150\sim 200$mm 的 PVC 管形成闭合回路，控制气流速度小于 6m/s，同时要考虑冷凝液的收集和排放，管道铺设坡度一般大于 5%。它适于小面积、窄形、平地建造的填埋场；但很容易因垃圾不均匀沉陷而被破坏，在填埋加高过程难以避免吸进空气、漏出气体，或因填埋场内积水影响气体的流动。因此现代填埋场一般都采用垂直井收集填埋气。

垂直集气系统的作用是在填埋场范围内提供一种透气排气空间和通道，同时将填埋场内渗滤液引至场底部排到渗滤液调节池和污水处理站，并且还可以借此检查场底 HDPE 膜泄漏情况。

垂直井的作用半径与填埋废物类型、压实程度、填埋深度和覆盖层类型等因素有关，应通过现场试验确定。当缺乏试验数据时，有效半径可采用 45m。对于深度大并有人工膜的复合覆盖的填埋场，常用的井间距为 45~60m，最大可达 90~100m；对于使用黏土或天然土壤作为覆盖层的填埋场，应使用小一些的井间距，如 30m，以防将大气中的空气抽入填埋气回收系统中。

垂直井结构相对简单、集气效率高、材料用量较少、一次投资省，在垃圾填埋过程容易实现密封。对在垃圾填埋过程中立井的填埋场，垂直井是随垃圾填埋过程依次加高，加高时应注意密封和井的垂直度。

2. 填埋气的净化与利用

填埋气的净化过程主要是脱水、脱硫、脱 CO_2，以提高 CH_4 的含量，增加气体的热值。脱水主要采用低温冷冻法，脱硫采用湿式吸收和活性炭吸附，而脱 CO_2 可采用碱液吸收、分子筛变压吸附和膜分离等技术。

目前填埋气的主要利用方式有三种：①初步净化后，作燃料燃烧产生蒸汽，用于生活或工业供热；②净化并脱除 CO_2 后，可作为高热值燃料，用于发电；③净化并脱除 CO_2 后，达到或接近天然气标准，可注入天然气管网作民用燃气，或作为运输工具的动力燃料。

（五）终场覆盖与后期管理

填埋场填埋作业至设计终场标高或不再受纳垃圾而停止使用时，为限制降水渗入废弃物，尽量减少渗滤液的产出，必须实施终场覆盖，即通常说的"封场"。填埋场封场工程应包括地表水径流、排水、防渗、渗沥液收集处理、填埋气体收集处理、堆体稳定、植被类型及覆盖等内容。

封场覆盖系统结构由垃圾堆体表面往上依次为：排气层、防渗层、排水层、植被层。

封场覆盖系统各结构层的功能和常用材料见表 5-1。其中防渗层应与场底防渗层紧密连接，填埋气体的收集导排管道穿过覆盖系统防渗层处应进行密封处理。铺设土工膜应焊接牢固，在垂直高差较大的边坡铺设土工膜时，应设置锚固平台。填埋场封场顶面坡度不应小于5%，边坡大于10%时宜采用多级台阶进行封场，台阶宽度不宜小于2m。封场覆盖保护层、营养植被层的封场绿化应与周围景观相协调，并应根据土层厚度、土壤性质、气候条件等进行植物配置。封场绿化不应使用根系穿透力强的树种。

表5-1　　　　　　　填埋场封场覆盖系统结构及功能

结构层	主要功能	常用材料及要求	备注
植被层	生长植物，并保证植物根系不破坏保护层和排水层，具抗霜冻能力	营养植被层的土质材料应利于植被生长，厚度应大于15cm。覆盖支持土层由压实土层构成，渗透系数应大于1×10^{-4}cm/s，厚度应大于450cm	需要地表排水设施
排水层	疏排下渗水，减小其对下部防渗层的水压力	顶坡应采用粗粒或土工排水材料，边坡应采用土工复合排水网，粗粒材料厚度不应小于30cm，渗透系数应大于1×10^{-2}m/s	
防渗层	阻止下渗水进入填埋废物中，防止填埋气体逸出	压实黏土、焊接牢固的柔性膜、人工改性防渗材料和复合材料，渗透系数应小于1×10^{-9}m/s	
排气层	将填埋气体导入收集设施进行处理或利用	粗粒多孔材料，渗透系数应大于1×10^4m/s，厚度不应小于30cm	

填埋场封场后至完全稳定至少需要30~50年，所以封场后还必须对其进行维护和污染治理的继续运行和监测。主要包括渗滤液处理系统运行和监测、填埋气体导排与利用系统运行和监测、地下水监测、地表水监测、地面沉降监测、场地维护等。待可降解有机物基本耗尽后，填埋场产生的气体、浸出液量减少，出现不均匀沉降，空气重新进入填埋场，封场后的土地利用即可开始进行。

二、危险废物安全填埋

安全填埋是指将危险废物填埋于抗压及双层不透水材质所构筑,并设有阻止污染物外泄及地下水监测装置的填埋场的一种处理方法。安全填埋场专门用于处理危险废物,由于危险废物对生态与环境有很大的危害性,因此,其填埋场的结构与安全措施较垃圾卫生填埋场更加严格。安全填埋场选址需远离城市的安全地带。危险废物进行安全填埋处置前需经过稳定化和固化处理。

（一）安全填埋场构造

安全填埋场的构造,需要以更加严密的人工或天然不渗透材料作为防渗层,且土壤与防渗层结合部位的渗透率应小于 10^{-6} m/s；天然基础层的饱和渗透系数不应大于 10^{-7} m/s,且其厚度不应小于 2m；填埋场最底层应位于最高地下水位 3m 以上,必须铺设地下水位控制设施；采取必要的措施控制地表径流水；配置完整的渗滤液收集与监控系统；设置气体排放与监测系统；严格记录废物来源、性质与处理量,并适当加以分类处理；分级危险废物的种类、特性及填埋土壤性质,采取适当的防腐蚀、防渗漏措施。此外,填埋场场址的地质构造应相对简单、稳定,没有活动性断层；安全填埋场应有抗压及抗震设施。封场要求见危险废物封场设计。

（二）安全填埋场防渗层结构

填埋场防渗系统应以柔性结构为主,且柔性结构的防渗系统必须采用双人工衬层。其结构由下到上依次为：基础层、地下水排水层、压实的黏土衬层、高密度聚乙烯膜、膜上保护层、渗滤液次级集排水层、高密度聚乙烯膜、膜上保护层、渗滤液初级集排水层、土工布、危险废物。

在填埋场选址地质不能达到相应要求时,可采用钢筋混凝土外壳与柔性人工衬层组合的刚性结构,以满足相应要求。其结构由下到上依次为：钢筋混凝土底板、地下水排水层、膜下的复合膨润土保护层、高密度聚乙烯防渗膜、土工布、卵石层、土工布、危险废物。四周侧墙防渗系统结构由外向内依次为：钢筋混凝土墙、土工布、高密度聚乙烯防渗膜、土工布、危险废物。

柔性填埋场中，上层高密度聚乙烯膜厚度应≥2.0mm；下层高密度聚乙烯膜厚度应≥1.0mm。刚性填埋场底部以及侧面的高密度聚乙烯膜的厚度均应≥2.0mm。刚性结构填埋场钢筋混凝土箱体侧墙和底板作为防渗层，应按抗渗结构进行设计，按裂缝宽度进行验算，其渗透系数应≤1.0×10^{-6}cm/s。

（三）安全填埋场封场结构

安全填埋场封场系统由下至上应依次为气体控制层、表面复合衬层、表面水收集排放层、生物阻挡层以及植被层。

1. 气体控制层

应在封场系统的最底部建设30cm厚的砂石排气层，并在砂石排气层上安装气体导出管。

气体导出管安装应符合如下要求：①气体导出管应由直径为15cm的高密度聚乙烯制成，竖管下端与安装在砂石排气层中的气体收集横管相接，竖管上端露出地面部分应设成倒U形，整个气体导出管成倒T形，气体收集横管带孔并用无纺布包裹。导气管与复合衬层交界处应进行袜式套封或法兰密封。②必须对排气管进行正确保养，防止地表水通过排气管直接进入安全填埋场。

2. 表面复合衬层

砂石排气层上面应设表面复合衬层，其上层为高密度聚乙烯膜，下层为厚度≥60cm的压实黏土层。表面人工合成衬层材料选择应与底部人工合成衬层材料相同，且厚度≥1mm、渗透系数≤1.0×10^{-12}cm/s。

3. 表面水收集排放层

复合衬层上面应建表面水收集排放层，其材质应选择小卵石或土工网格。若选择小卵石，不必另设生物阻挡层。若选择土工网格，必须另设生物阻挡层并解决土工网格与人工合成衬层之间的防滑问题。

4. 生物阻挡层

当使用土工网格作为地表水收集排放系统材料时，应在表面水收集排放系统上面铺一层≥30cm厚的卵石，以防止挖洞动物入侵安全填埋场。

5. 植被层

封场系统的顶层应设厚度≥60cm的植被层，以达到阻止风与水的侵蚀、减少地表水渗透到废物层，保持安全填埋场顶部的美观及持续生态系统的作用。

此外，封场系统的坡度应大于2％。封场后应对渗滤液进行永久的收集和处理，并定期清理渗滤液收集系统。封场后应对提升泵站、气体导出系统、电力系统等做定期维护。还应预留定期维护与监测的经费，确保在封场后至少持续进行30年的维护和监测。若因侵蚀、沉降而导致排水控制结构需要修理时，应实行正确的维护方案以防止情况进一步恶化。

第六章　森林植被的生态修复

第一节　气候与植被恢复

一、植被与气候的关系

陆地植被的分布有水平地带性分布和垂直地带性分布。植被的地带性分布规律既与气候的空间分布特征有关，又与植物的生态类型及其对环境响应能力有关。

（一）植被的地带性分布与气候的关系

气候的空间变化是有规律的。在地球表面上，太阳辐射随着地理纬度变化：低纬度的赤道地区，全年地面接收太阳总辐射量最大，季节分配较均匀，终年高温，长夏无冬；随着纬度的增高，地面受热逐渐减少，一年中季节差异明显；到了高纬度地区（如北极），地面受热最少，终年寒冷、长冬无夏。这样，从南到北就形成了各种热量带，赤道地区是地球上最热的地区，从赤道向两极沿纬度气温逐渐下降，形成了以温度划分的热带、亚热带、暖温带、温带冷温带、寒带等不同热量带。另外，由于地球上的大陆均被海洋所环绕，海洋上产生的大量水汽，通过大气环流和降水输送到陆地。由于海洋向陆地输送的水汽沿途不断形成降水而减少，同时受到大陆高山、高原阻隔，陆地上的降水量在同一纬度的不同地点，往往差异很大，呈现从沿海到内陆渐次减少的现象。因此，在同一个热量带内，沿海地区空气湿润，降水量大；距离海洋较远的地区，大气降水量减少，干旱季节长；到了大陆中心，大气降水量更少，气候极为干旱。例如，我国的大陆性气候明显，从沿海到内陆，按降水量多少依次分布着湿润、半湿润、半干旱、干旱和极端干旱气候区。而在我国北方内陆高山地区，随着海拔的升高，温度逐步降低，降水量逐步升高，温度和降水呈负相关。

地球表面植被的空间变化也是有规律的。地球表面植被的地带性分布规律包括水平地带性分布规律和垂直地带性分布规律，水平地带性分布规律分为径向和纬向地带性分布规律。植被的径向地带性分布规律在北半球的欧亚大陆区最为明显，它从沿海向内陆植被类型依次从森林、森林草原、典型草原变化到半荒漠、荒漠。例如，在我国北方地区从沿海到内陆植被类型径向变化规律为森林、森林草原、典型草原、草原化荒漠、荒漠。在北半球，从赤道热带地区到极地寒带地区，植被类型的纬向地带性变化规律依次是热带雨林、亚热带常绿阔叶林、温带落叶阔叶林、寒温带针叶林、极地苔原带。在我国，从南到北沿纬度也依次分布着热带雨林区、亚热带常绿阔叶林区、温带落叶阔叶林区和寒温带针叶林区，表现出明显的纬度地带性。植被的垂直地带性分布规律主要发生于高山地区，从山底平原到山顶，常可看到植被呈带状依次变化。例如，分布于我国内陆干旱区的祁连山山脉，从山麓到山顶依次分布有荒漠、荒漠草原、草原、森林高山草甸等植被。

地球表面植被的空间变化规律与气候的空间变化规律是一致的。植被类型的纬度地带性分布与温度的纬度地带性分布是一致的，山地植被的垂直变化规律受温度、降水的垂直变化规律抑制；植被类型的径向变化与降水量的径向地带性变化一致。由于水、热、光照条件是一切植物生存和繁衍的必要、限制条件，光照强弱、气温高低、降水量多少直接影响植物的生存、生长发育和生物产量。因此，一定的气候条件下总是对应着一定的植被种类和植被类型，植被类型的空间变化总是随着气候的空间变化而变化。这说明，植被变化与气候变化存在着密切关系，植被变化取决于气候变化。

（二）植物的气候生态位

地球上的一切植物的生存和繁衍都需要一定的气候条件，特别是光照、水、热条件，所以地球上的植被随气候条件的空间变化而呈现地带性分布。

达不到这样的气候条件，植物在自然状况下就不能正常生存或者说不能长期存活下去，这种植物所需要的气候条件，就是植物的气候生态位。由于一个地区的气候条件总是处于不断变化之中，植物经过了长期的自然选择，也逐步适应了气候条件的变化，能够在变化中的气候条件下生存。

但是，植物并不是对所有的气候变化都能够适应，它只是在一定的气候条件下生长发育最好，种群繁衍最为迅速。当气候条件发生轻微改变时，植物也能够适应，但生长发育、种群数量和生物产量可能会受到抑制。当气候变化超过了植物的适应能力的时候，植物往往会受到伤害，特别是极端气候事件的发生往往给植物造成致命的伤害。也就是说，每一种植物都有自己适宜的气候生态位，在这个生态位上，适合植物的生存和繁衍，在气候条件偏离这个植物生态位时，植物的生长就会受到影响，严重时会导致植物消亡。

不同植物生存和发展不仅所需要的气候条件有很大不同，而且所能适应的气候变幅也有很大区别。也就是说，不同植物有着不同的气候生态位，不同植物气候生态位的宽度也有很大差别。

（三）植被分布与气候的关系

根据气候条件对植物的作用及植物对气候变化的响应，我们将植物的气候生态位分为微气象生态位、基础气候生态位和功能气候生态位。植物的微气象生态位是植物需要的局部近地表微气象条件。这些微气象条件包括近地表温度湿度辐射、风沙活动等，这些微气象条件既打着区域气候背景条件的烙印，也受局部地形、土壤、水分等环境条件的影响。这些微气象条件对植物的生存和繁衍影响极大，它可能导致植物种组成、局部植物群落类型、优势种种类、群落的功能特征发生明显改变，产生与地带性植被完全不同的隐域或半隐域植被，产生偏离顶极气候群落的偏途顶极群落。基础气候生态位是指植物生存与繁衍所需要的气候背景条件。从植被的演替系列来看，基础气候生态位决定着地带性植被的类型、种类组成和顶极群落的基本功能特征。因此，对于一个顶极气候群落来说，没有人为干扰的情况下，大的气候背景稳定，其群落类型植物种组成及生物多样性一般也不会发生大的波动。功能气候生态位是指植物展现其功能特征所需要的气候条件。对于一个植物群落来说,其植被高度、盖度和生物产量等属于功能特征,这些功能特征往往是功能气候生态位所决定的。由于年际气候条件总是不断变化的,其植被盖度、高度和生物量也会随着降水的多少、温度的高低而变化。

二、气候对植被恢复的驱动机制

在退化植被恢复过程中,气候的驱动作用是显而易见的。其主要表现在三个方面:第一,在消除人为干扰后,群落的物种组成、丰富度、盖度、高度和生物量会自然增加,气候条件的改善可以加速这一过程。第二,大部分一年生植物或短命植物都在雨季萌发,较多的降水和较高的气温,有利于其萌发和存活,使土壤种子库的潜在植被转变为现实植被。第三,大多数退化植被恢复演替的方向都是地带性植被,终点为顶极群落,这是气候驱动机制的最根本体现。

在全球尺度上,人类对环境的干扰,如 CO_2 等温室气体排放量的增加,可能会引起世界性的气候变化。但在区域或更小尺度上,人类对植被的破坏,一般不会引起大尺度的气候变化,如区域年均降水和年均温度均很少受到局地植被破坏的影响。但是,局域植被的破坏可以引起局地小气候的明显恶化,如造成空气湿度的下降、裸露地表温度的升高、地面反射增强、无霜期的缩短、地表风沙流增强等。当局域人为干扰消除以后,大尺度的气候背景条件仍不会发生明显改变,降水和气温仍会随其发展规律而呈有规律的变化,只有那些对局部植被产生影响的微气象条件有可能发生明显变化。因此,气候对退化植被恢复的驱动作用和作用机理,在不同尺度和层面上有很大不同。下面我们主要从降水的短期、中期和长期变化三个尺度论述气候变化对植被恢复的驱动作用和机制。

(一)降水年际变化对退化植被恢复的驱动机制

一般来说,各种气候因子年际间都会发生变化,但年际变化最明显、对植被影响最大的还是降水的变化,包括降水量、强度、时间和频率。大多数情况下,降水条件的改善,包括有效降水量的增加、降水持续时间延长,都有利于退化植被的恢复。反之,如果降水不是限制条件时,降水量的增加、降水强度的增大,其对植被恢复的驱动作用可能会不明显,甚至反而对退化植被产生不良影响。

1. 降水年际条件改善对退化植被恢复的驱动作用

降水年际条件改善对退化植被恢复的驱动作用主要体现在以下三个方面:

①降水量的增加和降水持续时间的延长,有利于植物种子萌发和幼苗生长,可提高植物种子萌发成活率,增加实生苗数量,增大种群密度。特别是在干旱荒漠地区,春、夏降水是植物种子的萌发和幼苗生长的决定因素。在降水多的年份,沙漠一年生植物大量萌生,而在干旱的年份,则可能极少有植物种子萌生。另外,降水量丰沛,也对幼苗的存活和生长有利,使幼苗的成活率明显提高。显然,降水增加对种子萌发和幼苗成活率的促进作用对于退化植被的恢复是有利的。

②当年降水量的增加,植株生长大多数情况下会表现出生长旺盛,分枝分蘖增多,叶色光亮,植被高度、盖度和地上生物量都会明显增加。而植被高度、盖度和生物产量的增加,也意味着植被功能特征得到改善,说明退化植被的功能恢复。例如,在半干旱地区的科尔沁沙漠,和正常降水年份相比,降水多的年份草地植被高度和盖度可增加20%~30%,地上生物量增加10%~20%,而极端干旱年份其植被高度和盖度则可能下降30%~50%,地上生物量下降50%~80%。

③降水量增加,植物的繁殖能力特别是无性繁殖能力明显增强,加快了种群蔓延和扩散速度。干旱区,对于大多数植物来说,降水增加使得植物在保证基本生存的条件下,有更多的水资源可以用于繁衍和种群扩散。这时,植物不仅会由单一繁殖方式向多种繁殖方式转变,而且繁殖率也会增高。干旱年份的科尔沁沙漠草类一般只进行营养繁殖,种子繁殖能力很差;而在丰雨年份,不仅营养繁殖和种子繁殖并举,而且营养繁殖和种子繁殖数量明显增加,从而使其种群数量增加,种群蔓延速度加快,种群覆盖度增大。

2. 降水年际条件改善对退化植被恢复的驱动机制

如上所述,降水年际条件的改善可以促进退化植被的恢复,其主要机制包括以下几个方面：

①降雨量增加带来降水持续时间的延长，为土壤种子的萌发提供了较为充裕的时间，使萌发的有效种子数量增加。种子萌发不仅需要适宜的土壤含水量，而且需要其持续一定的时间，否则即使种子萌发了，也很难出苗，或在苗期死亡。如果降水持续时间得到延长，就会使萌发的种子很快出苗和扎根，成活率升高。

②降水量的增加可以改善植物的土壤水肥条件。降水不但可以使植物得到更多的水分供给，保证植物恢复生长所需要的水分，而且在干旱条件下，土壤水分含量的增加，也可促进土壤养分的有效性，使更多的土壤养分能够被植物吸收，用于恢复生长。特别是在干旱地区，土壤水分含量一般较低，直接限制着植物的生存和繁衍，降水量的增加对土壤水分的补充很重要，可以提高植物生存和繁衍的概率。

③降水量的增加可以改善植物群落中的微气象条件，有利于植物的生长。一般情况下，降水量的增加可以增加空气湿度，降低夏季地表温度，减少地表反射，使植物体温下降、蒸腾耗水减少。特别是在多风的沙质土壤地区，降水还可以降低风沙活动强度，减弱风沙流活动对植物的危害。微气象条件的好坏与植物生长关系相当密切，因此降水增加对植物微气象条件的改善显然是退化植被恢复的重要机制。

由于降水存在着明显的年际变化，多雨年份有利于退化植被的恢复，但干旱年份退化植被的恢复也会受到抑制。那么，在消除人类干扰之后，退化植被在降水的年际变化间逐步走向恢复的过程是：植被在多雨年份的恢复，一般情况下是不会完全被干旱年份降水减少的影响所抵消的。因为对于乔木、灌木和多年生草本来说，在多雨年份可能会新生很多枝条或根茎苗，使地表覆盖增加，而在干旱年份这些枝条或根茎苗一般是不会死亡的。虽然，当年降水量也会引起一年生植物种的增加，但次年如果遇到干旱年份，新侵入的一年生植物种就会消亡。一年生植物的物种数量会随着年际降水量的变化而波动，年度降水量的改善在群落恢复的早期不能成为群落植物种组成变化的驱动因素。

(二) 中期降水变化对植物恢复的影响

植被高度、盖度和生物量的恢复是和年际降水量变化密切相关的。群落的植物组成的饱和度、生物多样性也同样与年降水量有密切的关系。一般情况下，无论是年降水量还是季节降水量的增加，都会引起群落的植物组成的饱和度和生物多样性的增加。因为降水的增加，使一些种子的萌发和侵入加快，导致植物种数量增加。但这些新增加的种对降水往往非常敏感，如果在生长后期，甚至是来年降水量减少，它们就会消失，使植物种的数量随降水的年际变化或季节变化而波动，而不像植被盖度高度和生物量那样存在明显的累积恢复效应。因此，群落植物组成和生物多样性，一般不会随着短期降水的增加而呈现增加的趋势，而只有中期降水量的增加，才有可能使植物种数量、生物多样性得以逐步增加。

1. 中期降水增加对退化植被恢复的驱动作用

连续几年的降水量增加称为中期降水量增加。连续几年降水的增加可以对退化植物群落的物种结构产生重要影响。中期降水量的增加对退化植被恢复的驱动作用主要表现在以下几个方面：

①促进植物种群数量稳定增加。连续几年降水条件的改善，大部分植物种群的数量都会明显增加，特别是新侵入种一般能够形成具有维持种群稳定和发展的最小群体数量。对于这些新的侵入种，只有当其种群数量达到一定水平时，其种群才会形成一定的结构，才具有繁衍、竞争的能力，才能长期存活下去。因此，最小种群数量的形成，是保证群落植物种增加的必要条件。

②使群落中植物种群的分布更加分散，均匀度增加。植物种群是否均匀分布，是群落生物多样性能否增加的一个重要决定因素。气候条件的连续改善，会减弱或消除退化植被或草地环境条件的空间异质性，使植物更容易从原有斑块中向外扩散，随机扩散的概率也会提高，导致均匀度增加。

2. 中期降水增加对退化植被恢复的驱动机制

气候条件的连续改善会形成良好群落微气象条件且持续存在，有利于更多植物种的侵入。例如，在半干旱地区，如果连续几年多雨少风，流动、半流动沙丘的地表则可能会形成物理或生物结皮，不仅风沙活动会明显减弱，而且地表温度会下降，在消除了春季风沙流的打磨和夏季地表高温灼伤的危害后，更多的植物种就会侵入，使群落植物种组成数量增加。

促进植被盖度的增加，使一些窄生态位植物在其他植物的庇护下得以生存。气候条件的连续改善，首先会使退化植被高度、盖度明显改善。而植被高度和盖度的连续改善，会对新侵入的植物种产生有效的庇护，使其得以稳定发展，从而使群落的植物种组成数量稳步增加。使多年生植物在侵入早期安全越冬。对于大多数多年生植物来说，都具有苗期生长缓慢，当年越冬能力差的特点。虽然，某个季节或年份降水量增加也会促进一些多年生植物的侵入，但如果下个季节或年份降水量减少，这些新侵入的多年生植物就难以抵御严冬低温和春季风沙干旱的胁迫，会造成其再次消亡。只有连续的气候条件改善，才能够保证更多的多年生草本植物的侵入并稳定存活，增加群落的植物种组成和生物多样性。

（三）长期气候变化对植物恢复的影响

长期气候变化，是指能够影响一个地区平均气温指标变化的，以十年为尺度的气候变化，也可以说是一个地区气候背景的变化。它一般受全球气候变化的影响，如温室气体排放量增加和全球气候变暖所引起的区域气温升高和降水量变化等。这种气候变化比较缓慢，具有一定的持续性，对植被的影响比较深远，不仅决定着植被演替的方向和速度，也影响着植被恢复的终点和气候顶极群落的特征。

不同时间尺度气候的变化对植被恢复的作用表现在空间尺度上。短期气候变化的作用空间应该主要在植物个体和种群上，中期气候变化的作用空间主要为植物群落，而长期气候变化的作用空间主要为地带性植被。而实际上，他们之间的作用范围并不是可以截然分开的，相互之间的界限也不是非常明显。特别是在湿润地区，或受隐域性气候条件，或其他环境条件影响的地区，不同时间尺度气候条件的交叉作用、重叠作用是显然易见的。但是，这并不妨碍我们了解退化植被恢复过程中不同时空尺度气候的作用。只要我们从宏观到微观逐步进行分析，分离各尺度气候变化对植被恢复的作用是完全有可能的。

三、植物的生态修复功能

(一) 促进生态系统的物质循环和能量流动

1. 促进生态系统的物质循环

生态系统的物质循环（又称为生物地球化学循环），是指地球上各种化学元素，从周围的环境到生物体，再从生物体回到周围环境的周期性循环过程。

植物为生态系统的物质循环提供了丰富的物质基础。各种生态系统的第一性生产量：河口海湾、冲积平原的植物区系和集约程度高的农田（如甘蔗田）生态系统的生产量最高，每昼夜为 $10\sim20g/m^2$；森林、浅湖泊和灌溉农田生态系统的平均生产量每昼夜为 $3\sim10g/m^2$；高山、海洋和深湖泊生态系统的生产量每昼夜为 $0.5\sim3g/m^2$；海洋和沙漠生态系统的生产量最低，每昼夜为 $0.1\sim0.3g/m^2$。因此，可以说没有植物的光合作用，在生态系统中就没有物质的生物地球化学循环。

植物对生态系统物质循环的贡献：既为消费者提供了食物，又为生态系统物质循环提供了物质基础，而且植物在水的地球物理循环中扮演着重要角色，因为植物每生产1g干物质需要蒸腾大约500g水。与此同时，植物还会分泌包括酶类在内的各种分泌物，这些分泌物对于土壤矿物质的分解起到了重要的促进作用。

生态系统物质的生物地球化学循环依赖于植物的光合作用，因此植物生长情况的好坏、生物产量的高低，都会影响到生态系统的物质循环。虽然生态系统的物质循环受到多种因素的影响，但从某种意义上讲，茂密的植被、较高的生物产量，对于生态系统的物质循环总是有利的，而衰退的植被、较低的生物产量，则使生态系缺少物质循环的基础。

2. 促进生态系统能量流动

在生态系统中，能量流动伴随物质循环同步发生。在植物利用太阳能将空气中的 CO_2、环境中的水和其他物质转化为有机物的同时，也将太阳能转化为化学能或生物能。植物可以通过各种方式转换能量,并储存于有机物中。生态系统中,能量是依靠食物链传递的。无论是消费者还是分解者,它们都是通过与生产者建立直接或间接的生物关系,并通过这种关系来完成物质的循环和能量流动。而在生态系统中,能量传递进程的长短,不仅取决于食物链的长短和能量的转化效率,而且与生态系统初级生产者储存的能量有关。在食物链长短和能量转化效率相同的情况下,初级生产者储存的能量越多,能够为消费者和分解者提供的能量就越多;在能量转化效率相同的情况下,初级生产者储存的能量越多,其食物链就可能延伸得越长。

(二) 消费者食物和栖息地的提供者

1. 为食草动物提供食品

植物处于生态系统食物链的最底层,主要是为食草动物提供食物。在地球上并不是所有的植物都可作为动物的食物,绝大多数植物都存在一定的消费者。即使是对人类或家畜有毒的植物,在其周围也或多或少地存在一些草食消费者。食草动物通过采食植物获得所需要的蛋白质、脂肪、碳水化合物、维生素、矿物质等养分及水分。另外,很多植物都具有药用价值,可以为动物治疗疾病并起到保健作用。

地球上,陆生食草动物种群,主要生存于草原地区。草原是地球上分布最广、面积最大的一类生态系统,主要生长着草本植物和一些灌木,是牛、马、驴、羊、骆驼等大型草食动物聚集的地区。森林生态系统也是地球上分布很广、面积很大的一类生态系统,主要生长着一些草本植物、灌木和乔木,生活在森林地区的一般为中小型草食动物,如松鼠、考拉、猴子等,这些草食动物大多生活于树上。水体生态系统,如海洋、湖泊、水库等,主要生长水生植物,其草食动物主要为鱼类及蜗牛等软体动物。还有很多植食性动物,如各种昆虫、鼠类等。人们还通过种植多种饲草和饲料作物,如玉米、苏丹草、苜蓿等,为家畜、家禽提供食物。

对于食草动物来讲,植物种类的多少、生长的好坏、产量的高低,都直接影响着动物种群的种类和数量。茂盛高产的植被类型,往往可以孕育多种多样的动物类群和数量。对于退化动物类群和种群,如果能够获得充足的食物来源，对于其种群的恢复是极其有利的。因此，加强对退化植被的管理，既可促进退化植被的恢复，也可为退化食草动物种群提供更多的食物来源，从而加快其恢复。

2. 为动物提供栖息地

植物之所以能够为动物提供栖息地，与其生物学特性有关。稠密繁茂的叶片既可以遮风、避雨、挡光，又可以很好地遮挡猎食动物的视线，使之得到很好的保护，强劲的枝干可以支撑动物在其上行走、休息或搭建巢穴。因此，很多动物或长期生存于植物之上，或以植物作为隐蔽、休息、繁衍后代的场所。其中，乔木一般比较高大，树干明显，枝条硬实，叶片稠密，可为猴子等树栖动物提供良好的栖息条件，也是鸟类搭建巢穴的良好场所；灌木一般较乔木低矮，但枝叶更为稠密，对动物的遮蔽性更好；草本植物较为低矮，但很稠密，因此灌木和草本植物均是一些小型鸟类和一些小型动物搭建巢穴和栖息的场所。还有很多植食性昆虫，既以植物为食，又以植物为栖息地，常年生活于植物之上。

在植物物种极其丰富的热带雨林地区，从林冠上方到地面垂直距离最大可达到50m，光照条件越来越弱，温度依次降低且变幅越来越小，湿度依次增大且更少变化，风力降低。在这个纵深的空间范围内，许多有着不同生活方式的动物都能找到适合自己的生存环境，而退化生态系统的结构趋于简单，能够为动物提供栖息的环境种类也很有限，从而也成为退化生态系统中动物物种逐渐趋于单一的重要原因。

植物作为动物的栖息地，对于动物种群的生存和繁衍极为重要。当植物群落类型、结构发生改变或退化、丧失，最终都会导致依靠其为生的动物种群发生改变或丧失。维持植物群落的稳定，对于维持以其为生存环境的动物种群，特别是与其具有共生关系的动物种群，具有重要意义。

3. 为人类提供各种食品和其他生产生活用品

植物也是人类的主要食物来源。人类通过取食植物获得生存的大部分营养物质。可供人类使用的植物主要包括白菜、萝卜、马铃薯等蔬菜作物，苹果梨、橘子等水果作物，水稻、玉米、小麦等粮食作物，葵花、油菜胡麻等油料作物。这些作物均由人工种植，属于人工栽培作物。另外，还有很多野生植物及其果实，如野生桑葚、蕨菜、核桃、松子等，可供人类食用。这些植物为人类提供碳水化合物、维生素蛋白质、脂肪、矿物质等必需营养，关系着人类的健康与发展，因此建立可持续的植物性食物来源，丰富其种类，保证其质量，对于人类的健康发展具有重要意义。

人们利用植物的另一个用途是其药用价值。具有药用价值的植物，称为药用植物。世界上的很多植物具有药用价值，很多国家和地区的人们，特别是具有古老文明史的国家，如中国、印度、埃及等，都在使用药用植物进行疫病防治。如金莲花、香蒲、菖蒲、泽泻、慈姑等具有补血、化瘀、消炎功效；香蒲的蒲棒和花粉（蒲黄）具有消炎、止血作用；芦苇的根茎具有清热解毒、利尿、生津止渴、镇吐等作用；海莲所含的木榄碱可抑制肉瘤和肺癌。

很多植物还有很多其他用途。如植物是造纸的重要原材料；可为机械制造、仪器仪表、化工建筑、交通、通信、农业等行业提供生产所需木材；也可为生活所需家具生产和家居装潢提供原材料。

（三）涵养水源，保持水土

1. 涵养水源，调节供水

植被通过时间上对降水吸收、释放的调控，空间上对降水的再分配，起到涵养水源、调节供水的作用。植被的这种作用，对于保持水土，减缓干旱和洪涝灾害起着重要作用。其机制主要表现在以下几个方面：

①植物可以拦截降水，使一部分降水截留于树叶和树干之上。这部分被植冠截留的降水，一部分通过蒸发返回大气中，可以调节小气候；一部分被植物茎、枝干、叶片吸收和利用，成为植物体水分的组成部分；最后还有一部分会落到地面，或顺着植物茎干，进入土壤中，但其时间明显滞后。不同植物冠层截留降水的能力有很大差别。其中，以草本植物冠层截留降水的数量相对最少，灌木、半灌木居中，截留水量最大的是稠密的森林林冠。林冠截留降水的能力与上层树种的生态特性有关，耐阴性树种由于枝叶茂密，截留的降水要比阳性树种多。同时，群落截留水量的大小，还取决于群落结构

的复杂程度和降水的强度。群落的结构层次越多,截留的降水量越多;降水的强度越小,则群落截留降水的百分比就越高。

②植冠下的枯枝落叶层及活的地被物对水分的吸收,使大量水分蓄积在地被层中,既导致地表径流形成时间滞后,又减少了地表径流的形成,涵养了水源。枯落物吸水可达自重的40%~260%。这些蓄积在枯枝落叶层中的水量,一方面通过蒸发缓慢释放,维持冠层下的小气候;另一方面逐步下渗,缓慢补充土壤水分,从而起到涵养水源、调节供水的作用。

③植物根系对降水入渗具有促进作用,使降水较为迅速地渗入土壤之中,减少地表径流的形成,并在以后再缓慢地补充河川流量,从而起到蓄水、减洪和保持水土的作用。其机制为:A. 被植冠截留的水分可以沿着枝干向下流,到达地面后再顺着根系进入深层土壤。B. 由于植物根系的作用,森林、草地等植被土壤有许多孔隙、裂缝和孔洞,这些孔隙、孔洞和裂缝既是水的贮藏库,又是水从地表向地层深处移动的通道。

2. 保护土壤,减少水土流失

(1) 植被枝叶的作用

植被枝叶可以形成对地表的覆盖,根系可以紧固土壤,因此植被能够减轻强风、水流、波浪对土壤的侵蚀,起到减少水土流失的作用。其作用主要表现在三个方面:①减轻雨水对地表的直接冲击,减少地表径流的形成,从而减轻水土流失。②减轻海洋、湖泊、河流中水流或波浪对河堤、湖坝海岸的冲刷,防治毁岸、塌堤,减少水土流失。③防止或减轻强风对地表的作用,使表土免受风蚀。

(2) 植被的作用

植被具有降低风速,减少风能,防止土壤风蚀的作用。其机制有:①茎干、枝叶较为柔软,当风吹时,随其摆动,大量动能被消耗或向下传导,使风的动能降低。②枝叶较为稠密,相当于在地表形成一层屏障,使风无法直接作用于地表。③植被的存在增加了地面粗糙度,使土壤侵蚀的临界风速明显提高。

植被保持水土的另一个重要方式是保护河岸、湖岸、海岸免受水流和波浪的冲刷。例如，当海洋暴风雨上岸时，沿海盐沼和红树林湿地可作为巨大的暴风雨缓冲器，处于第一位置，可以减轻它的狂暴袭击。植被保护堤岸的作用：第一，源于植物茎干、枝叶能够阻挡水流、波浪对堤岸的直接冲刷或冲击。第二，源于植物茎干、枝叶能够降低水流流速或消减波浪的动能，使水流或波浪冲刷堤岸的能力减弱。第三，植物强大的根系能够固着堤岸土壤，使其抗击冲刷或冲击的能力增强。

第二节 植物与微生物的修复机理

一、植物修复的生理生态学原理

污染环境的植物修复是利用植物及其根际圈微生物体系的吸收、挥发和转化、降解的作用机制来清除环境中污染物质的一项新兴的污染环境治理技术。具体来说，就是利用植物本身特有的利用污染物、转化污染物的能力，通过氧化—还原或水解作用，使污染物得以降解和脱毒；利用植物根际圈特殊的生态条件加速土壤微生物的生长，显著提高根际圈微环境中微生物的生物量和潜能，从而提高对土壤有机污染物分解作用的能力以及利用某些植物特殊的积累与固定能力去除土壤中某些无机和有机污染物的能力，被称为植物修复。

（一）修复植物对污染土壤的治理

修复植物对污染土壤的治理是通过其自身的新陈代谢活动来实现的。植物为了维持正常的生命活动，必须不断地从周围环境中吸收水分和营养物质。根是植物吸收水分和营养物质最主要的器官，这是因为植物的水分和矿物质元素等主要来源于土壤。

植物对污染物质的吸收源于三种情形：第一，"躲避"作用，即在植物根际圈内污染物质浓度较低时，依靠自身的调节功能完成自我保护，也可能无论根际圈内污染物质浓度有多高，植物本身就具有这种"躲避"机制，可以免受污染物质的伤害，但这种情形可能很少。第二，植物通过适应性调节，对污染物质产生耐性，吸收污染物质。这时植物虽也能生长，但根、茎、叶等器官以及各种细胞器受到不同程度的伤害，生物量下降，此种情况可能是植物对污染物被动吸收的结果。第三，植物能够在土壤污染物质含量很高的情况下正常生长，而且生物量不下降，如重金属超积累植物及某些耐性植物等。

植物根系对污染物质的降解在污染土壤修复中起重要作用。植物的根系在从土壤中吸收水分、矿物质，合成多种氨基酸植物碱有机氮和有机磷等有机物的同时，也向根系周围土壤分泌大量的糖类物质、氨基酸、有机酸和维生素等有机物。这些物质既能不同程度地降低根际圈内污染物质的可移动性和生物有效性，减少污染物对植物的毒害，也能刺激某些土壤微生物土壤动物在根系周围大量地繁殖和生长，这使得根际圈内微生物和土壤动物数量远远大于根际圈外的数量。而微生物的生命活动如氮代谢、呼吸作用和发酵及土壤动物的活动等，对植物根也产生重要影响，它们之间形成了互生、共生、协同及寄生的关系。

生长于污染土壤中的植物通过根际圈与土壤中污染物质接触，通过植物根及其分泌物质和微生物、土壤动物的新陈代谢活动对污染物产生吸收、吸附等一系列行为，在污染土壤植物修复中起着重要作用。另外，植物根系的生长也能不同程度地打破土壤的物理化学结构，使土壤产生大小不等的裂缝和根槽，这可以使土壤通风，并为土壤中挥发和半挥发性污染物质的排出起到导管和运输作用。

进入植物体内的污染物质在植物的代谢过程中会通过分泌、挥发等途径排到体外。分泌的器官主要是植物的根系和茎、叶，分泌的物质主要有无机离子、糖类、植物碱、萜类、单宁、酶、树脂和激素等生理上有用或无用的有机化合物，以及一些不再参加细胞代谢活动而需要去除的物质，即排泄物。挥发性物质除随分泌器官的分泌活动排出体外以外，主要是随水分的蒸腾作用从气孔和角质层中间的孔腺扩散到大气中。进入植物体内的污染物质虽可经生物转化过程成为代谢产物，并经排泄途径排出体外，但大部分污染物质与蛋白质或多肽等物质具有较高的亲和性而长期存留在植物的组织或器官中，在一定的时期内不断积累增多而形成富集现象，还可在某些植物体内形成超富集，这是植物修复的理论基础之一。但是，当这些污染物质含量在植物体内超过临界值后，就会对植物组织、器官产生毒害作用，进而抑制植物生长，甚至导致其死亡。在这种情况下，植物为了生存，也常会分泌一些激素（如脱落酸）来促使其积累量高的污染物质的器官如老叶加快衰老而脱落，重新长出新叶用以生长，进而排出体内有害物质，这"去旧生新"方式也是植物排泄污染物质的一条途径。

（二）选择修复植物及强化修复作用

受损生态系统生物修复的重要途径是利用植物对污染环境进行的修复。而选择或培育修复植物，并采取有效措施强化其对污染物的吸收积累、降解、转移等作用，是人工修复污染的重要工作。

1. 选择与培育修复植物

筛选修复植物是生物修复的首要工作。由于修复植物必须要能在特定的污染环境、特定的污染土壤上生长，因此应尽可能筛选与特定污染土壤条件相一致的修复植物或从污染现场去寻找在污染条件下可以生长的修复植物。如果满足不了这一要求，也应该尽可能地人为模拟，以便筛选出的修复植物更有实际应用的价值。当选定了修复植物的种类之后，可以通过人工培育的方法提高其修复性能。选育工作的效率和水平影响很大的是选育目标的确定，要根据植物修复的各种作用方式和修复植物的一些缺陷来确定选育目标。根在植物修复中的作用是至关重要的，根系吸收表面积大小、根系分布情况、根系分泌能力及特性等影像对污染物质的吸收降解及根际圈微生物区系的繁殖能力的因素，都会直接影响到植物吸收吸附污染物的性能，因而根系表面积、根系分布方式及根分泌特性等根部性状是重要的选育目标。叶片是植物重要的自发和排泄器官，同时较大的叶面积及较长的光合作用时间也利于植物的蒸腾作用和生物量增加，叶面积指数和功能叶片寿命长短也是重要的选育目标。茎主要起到水分和物质运输的作用，同时是多数植物保持整株直立的关键因素，因而发达的茎组织和抗倒伏能力是必不可少的选育目标。对于提取污染物的植物来说，生物量越高越能提高修复效果，而生物量通常与株高成正比，因而株高也是重要的选育目标。

植物提取需要有超量积累植物。根据美国能源部的标准，筛选超量积累植物用于植物修复应具有以下几个特征：①即使在污染物浓度很低时也有较高的积累速率。②能在体内积累高浓度的污染物。③能同时积累多种污染物。④具有抗虫和抗病能力。⑤生长快，生物量大。

2. 促进修复植物的早萌快发

修复植物大多数为野生植物。野生植物的种子一般较小，发芽率低，既不容易播种，也不容易保护全苗。在这种情况下，可应用种子包衣技术，在种子外部包上一层拌有一定数量微肥和农药的包衣剂，即使种子个体增大，便于播种，也有利于种子吸水萌发和苗期生长。为了提高修复植物的生物量，还可以适时适量进行灌溉和施肥，并进行必要的病虫害防治。

3. 修复植物的搭配种植

对于污染土壤来说，多数情况是几种污染物质混合在一起的复合污染，如果待一种污染物质治理后，再种植另一种修复植物去治理另一种污染物质，既费时又费力。因此，根据污染物的种类，将几种具有相应修复功能的植物进行搭配种植，可以同时对复合污染进行治理，不仅有利于提高修复效率，而且可以节约财力、物力和时间。

二、微生物的生态修复功能

（一）微生物的营养类型和营养需求

1. 微生物的营养类型

微生物的种类繁多，主要有细菌、真菌和原生动物几大类，各种微生物对营养的需求也有很大不同。根据微生物最初获得能源的方式不同，可分为光能菌和化能菌，前者利用光能，后者利用氧化无机物或有机物产生的化学能。从摄取碳源形式的不同，又可分为自养菌和异养菌。自养菌又称无机营养菌，它是利用空气中的 CO_2 或环境中的碳酸盐作为合成细胞中的唯一碳源。异养菌又称有机营养菌，主要利用有机形式的碳作为碳源。根据摄取碳源和最初获取能源方式的不同，微生物又可再分为光能自养菌，如蓝细菌、绿硫细菌、紫硫细菌、藻类等；化能自养菌，如硝化细菌、铁细菌、硫化细菌、氢细菌等；光能异养菌，如紫色非硫细菌等；化能异养菌，包括绝大多数细菌和全部真核微生物。在生态系统或污染环境中，担负有机物降解的微生物都是化能异养菌和光能异养菌。

2. 微生物的营养需求

微生物的营养物主要包括碳、氮、生长因子、无机盐和水。碳主要来源于大气 CO_2、无机碳和有机碳。对于异养微生物来说，其碳主要来源于有机物，而不同种类的微生物利用有机碳的能力也有所不同，如洋葱假单胞菌可从 90 多种有机物中摄取碳。在各种碳源中，单糖、双糖、淀粉、醇类、有机酸脂肪、纤维素较为容易被微生物利用和分解。

氮是微生物合成蛋白质和核酸必需的物质，而蛋白质是微生物细胞中主要的结构物质，核酸是细胞中重要的遗传信息物质。环境中的氮源主要来自铵盐、硝酸盐和蛋白质分解产生的氮。含氮有机化合物，如有机农药、有机染料也可为微生物提供氮源。在有机污染环境中，氮源经常是微生物种群生长的限制因子。人们经常用碳氮比来判断氮源供应是否充足。为了污染物安全迅速降解，一般要求碳氮比例为 200：1～10：1。

生长因子是指那些需求量很少，但缺少它们微生物则不能生长和繁殖的物质，如氨基酸、嘌呤碱和嘧啶碱以及维生素等。在自然环境中，大多数微生物可以自己合成生长因子，但也有一些微生物需要其他微生物合成自己所需生长因子进行生长和繁殖，如乳酸菌就需要多种外源维生素供应。

微生物还需要氮素以外的其他矿物元素，如磷、硫、钾、钠、钙、镁、铁、锌、硒等。这些元素或构成细胞内的生物分子，或参与细胞的生理代谢。微生物需要的这些元素可从环境中的矿物盐中获得，也可从一些有机杀虫剂中获取。

水在微生物生长繁殖中具有重要作用，水分不足或水分过量对于微生物的生存繁衍或生物降解都是不利的。

（二）微生物对污染环境的修复作用

微生物能够从有机、无机物中获取所需养分，因而对某些污染物具有降解、去毒等作用，起到净化环境的效果。

1. 微生物对污染物的降解作用

降解微生物种类繁多，如细菌、真菌和藻类都可以降解有机污染物。其中，细菌是降解有机污染物的主力军。由于不具有细胞核的一类微生物都归入细菌之列，所以细菌种类很多，能够降解污染物的细菌种类也很多。例如，埃希氏菌属、肠杆菌属、气单胞菌属的细菌可以降解林丹、DDT 和 PAHs；假单胞菌属、甲基球菌属、甲基单胞菌属的细菌能够对石油烃、苯甲酸、氯苯、有机磷农药、甲草胺等污染物起到降解作用；属于放线菌的棒杆菌属、节杆菌属、放线菌属、诺卡氏菌属的细菌可以降解 PCBs、氯代脂肪烃、烷基苯等。真菌和藻类也具有降解有机污染物的能力，在净化污染环境中发挥着重要作用。藻类主要生活在水中，主要利用 CO_2 合成有机物，但在黑暗时也会利用少量有机物，在自然界藻类和菌类共栖降解有机物。

2. 微生物的去毒作用

微生物除了对污染物具有降解作用外，另一个重要作用是可以使污染物的毒性降低，使污染物在毒性上发生改变，即所谓去毒作用，去毒作用是指在微生物的作用下污染物的分子结构发生改变，从而降低或去除其对人、动物、植物和微生物等敏感物种的有害性。

促使活性分子转化为无毒产物的酶反应通常在细胞内进行，形成的产物通常有三种转归方式：直接分泌到细胞外；经过一步或几步特殊的酶反应，进入正常代谢途径，然后以有机废物的形式分泌到细胞外；进入正常代谢途径后以 CO_2 的形式释放出来。

微生物对污染物的去毒作用可以通过多种途径实现：①水解作用，即在微生物的作用下，脂键或酰胺键水解，使毒物脱毒。例如，有机磷农药马拉硫磷在羧酯酶作用下，水解成一酸或二酸。②羧基化作用，即在微生物作用下，苯环上或脂肪链上发生羟基化，即由 OH 代替 H，使污染物失去毒性。③去甲基或去烷基作用，即许多杀虫剂含有甲基或其他烷基，这些烷基与氮、氧和硫相连，在微生物作用下会脱去这些基团变为无毒性的。④脱卤作用，即许多杀虫剂和有毒工业废物含有氯或其他卤素，去除卤族元素可以使有毒化合物转化为无毒产物。⑤甲基化，即对有毒的酚类加入甲基可以使酚类钝化。例如，广泛使用的杀菌剂五氯酚以及四氯酚，甲基化后形成无毒的物质。⑥其他途径，例如，将污染物的硝基还原为氨基，或通过脱氨基，使其毒性降低等。

但是，并不是所有的反应都有去毒作用，有一些反应的产物比前体化合物的毒性更强。而且毒性的含义是有范围、有条件的。对某一种物种是无毒的，但对另一种可能是有毒的，所以在使用之前要考虑周全，防止二次污染的发生。

（三）改良土壤，促进植物生长

1. 固氮作用

氮素是植物正常生长发育所不可缺少的养料，因为没有氮素植物便不能合成生物细胞的蛋白质。植物对于氮素的需求量很大，农作物要想达到高产，土壤持续供应氮量非常重要。但由于岩石中基本上不含氮素，土壤的氮素成分不能从成土母质中得到，因而土壤中贮藏的可供植物利用的氮素非常有限。空气中约80%是氮气，相当于每公顷土壤上空的大气柱中含有分子态氮约80000吨，但是植物却不能从大气中直接利用。土壤中有一类微生物，能直接吸收空气中的氮气作为氮素养料，把氮转化为氮的化合物或蛋白质，在它们死亡和分解后，这些氮素就能被植物吸收利用。这是土壤氮素的主要来源，也是大多数植物合成有机蛋白质的氮素养料。能固氮的这类微生物被称之为固氮菌，其吸收利用空气中氮气的作用称为固氮作用。

固氮菌分两种，一类是单独生活在土壤里的能独自固定氮气的细菌，称为自生固氮菌或非共生固氮菌；另一类是生长在植物体内的与植物有共生关系的固氮菌，这种固氮菌只有在与植物共生情况下才能进行固氮，这种固氮菌称为共生固氮菌。

共生固氮菌与植物存在四种共生固氮关系：①形成菌根的根菌，如与兰科、杜鹃科植物形成菌根的甜菜茎点霉的固氮能力较显著，在100g无氮培养基中培养，能固氮10.52mg。②与豆科植物共生的根瘤菌，它们生活在豆科植物的根瘤中，与豆科植物形成共生关系，并固氮。③与非豆科植物形成根瘤的微生物，如非豆科植物马桑和橙木也能形成根瘤并固氮。④形成叶瘤的固氮细菌，如茜草科和薯蓣科的个别热带植物种类能在叶上形成叶瘤，这些叶瘤也具有固氮作用，如茜木的叶瘤中含有和根瘤菌相类似的细菌，能固定氮素。非共生固氮菌包括多种细菌、放线菌、真菌、酵母菌等，如好氧型的固氮菌、厌氧型的梭菌能利用其呼吸作用中的能量，直接将空气中的氮合成蛋白质。非共生微生物的固氮量相当大，约为 $2\sim56\mathrm{kg}/(\mathrm{hm}^2\cdot\mathrm{a})$。微生物的固氮作用将使土壤中的含氮量明显增加，从而可以有效促进植物的生长。

2. 改良土壤，增加土壤肥力

土壤中的微生物长期作用于土壤，可改良土壤，增加土壤肥力。土壤微生物的这种作用源于三种机制：①土壤中的微生物数量极其巨大，在肥沃的土壤中每克有细菌 54 万个，最多时有 1 亿个细菌存在。微生物个体虽小，但其合成的生物量是不可忽视的。有人估算，在生长紫花苜蓿的黑钙土中，每公顷的细菌数量高达 8000kg，而一般农田土壤平均也有 500kg 以上。这样巨大的微生物生物量对于增加土壤有机质，改善土壤肥力无疑起着重要的作用。②分解动物尸体、粪便、植物的凋落物和施入土壤中的有机肥料，释放出营养元素，供作物利用，并且形成腐殖质，同时对大量植物残体进行腐殖质化，促进土壤团粒结构的形成，改善土壤的理化性质，提高土壤蓄水力，增加土壤肥力。③分解矿物质。例如，磷细菌能分解出磷矿石中的磷，钾细菌能分解出钾矿石中的钾，以利于作物吸收利用。

3. 促进植物生长，提高植物抗旱能力

某些微生物对于植物生长具有明显的促进作用，提高植物的生产能力；有些微生物可以提高植物的抗逆性和竞争能力。

微生物之所以能够促进植物的生长，提高植物的抗旱性和竞争力，其主要原因有：①某些微生物具有固氮作用，能够为植物生长提供更多的养分。例如，豆科植物根瘤菌的固氮作用不仅可以促进豆科植物本身的生长，还可促进其他共生植物的生长。②某些微生物，如丛枝菌根菌可以提高植物对水分的吸收，从而可以增强植物的抗旱性和竞争能力。③某些微生物可以促进植物对营养元素的吸收。例如，丛枝菌根菌对植物产量的促进作用就主要是由于丛枝菌根菌促进植物对磷元素的吸收。④某些微生物，如菌根菌的入侵，可以降低植物叶面气孔阻力，增强植物的蒸腾作用，提高植物水势，从而影响植物对水分的吸收和敏感性。

4.防治草地或农田毒害杂草

杂草生物防治的重要内容之一是利用微生物防治草地或农田毒害杂草。用来防治毒害杂草的病原微生物一般寄主范围狭窄或专一，以保证对其他植物无害。如澳大利亚利用锈菌防治灯芯草粉苞苣，该种锈菌在田间传播速度很快，很快就可控制该种杂草的危害。在我国北方的天然草原，已经发现防除醉马草的锈菌、白粉菌和黑粉病等专性寄生菌，从而使醉马草的生物防治成为可能。

（四）病虫害防治

1.植物虫害防治

植物虫害的防治方法很多，如挖沟填埋、机械捕捉、喷洒各种杀虫剂消灭宿主等。其中，最经济有效的方法是生物防治法，如利用其天敌或专杀微生物对其进行防控等。采用微生物进行植物虫害的防治，主要有四种途径：①利用某些微生物能在植物体内产生生物碱。这些生物碱对害虫具有一定毒害作用，因而使其植物的抗虫性明显提高。少量采食生物碱往往改变其肠道上皮细胞膜的渗透性，导致带菌植物的昆虫消化系统功能停止，最终导致害虫死亡。②利用内生病原菌侵袭植物害虫。侵染单位通常是一个在寄主体壁表面萌发的孢子。然后由于酶的作用和机械力，一种特殊的根状结构穿过体壁，并且一旦寄主组织被侵入，真菌能正常地完成其生活史。体壁被成功穿过之后，菌丝通常都分布到寄主的全身，直到侵染的昆虫几乎都被真菌充满。然后子实体壁产生释放到外界环境去的孢子。最常用的防虫真菌是白僵菌和绿僵菌，二者都是半知菌类，能导致美洲谷长蝽等很多害虫的消亡。③利用致病细菌直接感染植物害虫，使之发病死亡。比如，日本金龟子是引入美国东部的严重害虫，它的成虫可吃250种以上的植物叶和果实，并且幼虫危害植物根系。后来，人们发现日本甲虫芽孢杆菌可以有效防治土壤中的日本金龟子幼虫,从而生产出土壤接种用的孢子粉。不仅感染幼虫,使土壤附近的其他幼虫死亡,而且杆菌孢子可一直留在土壤中危害其后代幼虫。因此,幼虫群体大量减少,并且能够在几年之内稳定在比较满意的水平。④利用病毒进行植物虫害的防治。目前,普遍采用的是多角体病毒和颗粒病毒。根据在寄主细胞内病毒粒子的繁殖,多角体病毒可分成核和细胞质的形状,核多角体病毒大多在毛虫和叶蜂幼虫中发现,感染表皮、脂肪体和血细胞。病毒分子通过嘴或角质侵害寄主,或一代传一代,或在卵里传下去。核多角体病毒在寄主组织中繁殖时,幼虫就变迟钝,并且时常爬到高枝条尖端,在这里它们从它的腹部顶上开始吊死。在这个阶段幼虫皮肤变得虚弱,因而容易腐烂,病毒分子溅到叶下面。颗粒病毒限于鳞翅目的幼虫和蝠,其中脂肪体是主要的受害组织,病毒首先在核里繁殖,后来继续在细胞质中繁殖。这种病毒最后杀死昆虫时,虫体悬挂,很容易破碎,体内充满病毒,这种现象和核多角体危害造成的症状一样。

2. 植物病害防治

微生物对植物病害具有防治作用早已为人所知,并在生产中被广泛利用。微生物对植物病害的防治作用,主要源于四种机制:①可以提高植物的抗病性。很多微生物可以明显提高植物的抗病性。②通过抗生作用防治植物病害。很多微生物可以产生抗生素,对植物病害起到有效防治作用,如链霉菌、芽孢杆菌、假单胞菌、青霉菌、木霉菌及曲霉菌等,均为常见的合成抗生素的微生物,常可有效地防治病害。例如,木霉菌可以产生绿色霉素和胶霉素等多种抗生物质,可用来防治白三叶炭疽病等。③通过重寄生防治植物病害。在植物防治中应用最广的方法之一是利用重寄生真菌防治植物病害。其中,木霉是迄今为止应用最广的重寄生真菌,已被制成多种制剂来防治病害。④诱导植物抗性,防治植物病害。一些微生物,包括病原物、病原物的弱毒系、非病原物以及一些微生物的不同结构组分或代谢物,可以诱导植物体内产生一系列防御性物质及与抗病有关的酶类(PAL、SOD、POD等),从而增强植物抵御病害的能力,减轻病害。

第三节 人工生态修复的物理、化学机理

一、人工生态修复的物理学原理

在生态修复中,应用物理和机械方法的事例很多,如水土保持中的土谷坊、沟壑土坝等工程的建设,沙漠化防治中黏土覆盖、污染土壤治理中物理固化与分离技术的应用、草方格等机械措施的应用等。下面介绍几项森林植被生态修复中的物理学原理。

(一)森林植被风沙治理中的力学原理

1. 力学原理

森林土地沙漠化的主要特征之一是土壤风蚀和风沙流活动。沙是土壤风蚀和风沙流形成和运动的物质基础,风是风沙流形成和运动的自然动力。当达到一定风速(不小于5m/s)的风作用于裸露沙地表面时,就会引起风蚀和风沙流运动。大范围的土壤风蚀和风沙流活动,就会造成土地沙漠化和风沙环境。

土壤风蚀和风沙流活动是以风作为动力的。当风速不小于5m/s时,随着风力的增强,土壤风蚀和风沙流活动加剧。但是,土壤风蚀和风沙流活动不仅取决于土壤质地和风速,更取决于地面植被状况,即地面的粗糙度。地面越粗糙,粗糙度越大,摩擦力越大,风速越小。

2. 力学原理的应用

风沙力学的原理告诉我们,增加地表覆盖,提高地面粗糙度,不仅可以有效地降低风速,减少土壤风蚀,而且可以阻止风沙流运动,减轻风沙流危害。在风沙环境治理中,建立人工植被,设置各种沙障、农田覆草等措施,其主要作用就是降低风速,减轻风对地面的直接作用或阻止风沙流动,固沙阻沙,减少风沙流动的危害。

(1)机械阻沙

机械阻沙主要指高立式沙障,包括高立式阻沙墙、高立式栅栏和高立式

阻沙板等。其中栅栏作为一种高立式沙障，是采用高秆植物或作物，如灌木枝条、玉米秸、芦苇等，直接栽植于沙面上，埋入深度30～50cm，外露高度1m以上。或将这些材料编制成笆块，钉在木框上，制成防沙栅栏。目前，也有用尼龙网制成栅栏用于防风阻沙的。

栅栏的防风阻沙效果与其结构密切相关，其中栅栏的孔隙度（栅栏孔隙面积与总面积之比）是影响其防护效果最重要的因素。从风洞流场测定结果来看，紧密性栅栏（孔隙度为0）的背风区有一个大的涡流区，在栅栏上方有一个高速区，它们之间形成了一个很大的速度梯度，动量向下传输很强，这样导致背风区域风速恢复很快，防护范围降低。疏透性栅栏（孔隙度为0.5）背风面不形成离开地表的等直线闭合区，且变化也缓慢得多。在栅栏上方的高速区，其范围也小得多，因而防护范围也明显较大。孔隙度为0.5～0.6的栅栏防护效果最好。

（2）机械固沙

这里所说的机械固沙，是用惰性材料如沙砾石、黏土和麦秸、稻草等覆盖流沙表面，或喷洒沥青乳剂等化学胶结物质固定流沙表面，在流沙表面形成切断层或阻断层，把气流与松散沙面隔离开来，流沙与风力作用接触面积减少，或在流沙表面形成胶结层，在风力作用下，由于沙面胶结而不会受到侵蚀，从而阻止了沙子的流动。

目前机械固沙最常用的方法是草方格沙障。风洞试验表明，设置草方格沙障后，改变了下垫面的性质，增加了地面粗糙度，增大了对风的阻力。当风沙流流经沙障时，障前、障后出现一个阻滞及涡旋减速区，加速了能量的损耗，从而达到固沙、阻沙的目的。

（3）输导沙工程

输导沙工程包括下导风、输沙断面和羽毛排等类型。它是通过一定的工程设计改变下垫面性质，或借助修筑的物体加速风沙流流速或改变其运动方向，从而达到减少风沙流沿程阻力，阻止气流分离发生，促进与加速风沙流，使沙子以非堆积搬运的形式进行疏导，顺利通过所保护的区域。

下导风工程又称聚风板工程，是由栅栏工程发展而来的，主要用于防治公路积沙或积雪。它由立柱、横撑木和栅板组成。栅板可由木板、芦苇、柳条制成。羽毛排导沙工程是我国风沙防治工作者于20世纪50～60年代发明的。它是根据道路、河流为防止洪水冲刷所设倒流堤的原理，采用"羽毛苇排"来导走风沙流，以保护路堑和隧道口不被风沙侵蚀。

（二）污染土壤的物理修复原理及应用

污染土壤的物理修复方法包括物理分离修复、固化低温冰冻修复、蒸汽浸提修复和电动力学修复等。它作为污染土壤修复的一类新方法，近年来得到了迅速发展。这里只介绍其中几项常用方法及其原理。

1. 土壤污染物的物理分离原理与应用

土壤污染物的物理分离主要是基于土壤介质及污染物的物理特征不同而采用不同的操作方法使之发生机械分离。如依据分布、密度大小的不同，采用沉淀或离心分离；依据粒径大小，采用过滤或微过滤的方法进行分离；依据磁性有无或大小的不同，采用磁性分离；根据表面特性，采用浮选法进行分离。

物理分离技术主要用在污染土壤中无机污染物，特别是重金属的修复处理上。通过物理分离，从土壤、沉积物废渣中提取出重金属，清洁土壤，恢复土壤正常功能。其中，对于分散于土壤中的重金属颗粒，可以根据它们的颗粒直径、密度或其他物理特性，用筛分或其他重力手段去除铅，用重力分离法去除汞，用膜过滤法去除金和银。对于被土壤黏粒和粉粒所吸附的单质态或盐离子态重金属，物理分离技术能够将沙和沙砾从黏粒和粉粒中分离出来，将待处理土壤的体积缩小，使土壤中存在的污染物浓度浓集到一个高的水平，然后再采用高温修复技术或化学淋洗技术修复污染土壤。物理分离技术工艺简单，费用低，但需要挖掘土壤，因此修复工作所耗费的时间取决于设备的处理速度和待处理土壤的体积。

2. 土壤固化或稳定化修复技术及其原理

固化或稳定化技术中，固化的技术原理是机械地将污染物包围起来，固定约束在结构完整的固态物质中，通过密封隔离含有污染物的土壤，或者大幅降低污染物暴露的易泄漏、释放的表面积，从而达到控制污染物迁移的目的。稳定化是利用稳定剂来处理，如磷酸盐硫化物和碳酸盐等都可以作为污染物稳定化处理的反应剂，将污染物转化为不易溶解、迁移能力或毒性变小的状态和形式，即通过降低污染物的生物有效性，实现其无害化或者降低其对生态系统危害性的风险。固化或稳定化技术是防止或者降低污染土壤释放有害化学物质过程的一组修复技术，通常用于重金属和放射性物质污染土壤的无害化处理。稳定化不一定改变污染物及其污染土壤的物理、化学性质，它只是降低土壤中污染物的泄漏风险。但二者也紧密相关，常列在一起进行讨论。

固化或稳定化技术一般常采用的方法为：先利用吸附质如黏土树脂和活性炭等吸附污染物，浇上沥青，然后添加某种凝固剂或黏土合剂，使混合物成为一种凝胶，最后固化为硬块。凝固剂或黏合剂可以用水泥、消石灰、硅土、石膏或碳酸钙。凝固后的整块固体组成类似矿石结构，金属离子的迁移性大大降低，从而降低了重金属和放射性物质对地下水环境污染的威胁。固化/稳定化技术一般需要将污染土壤挖出来，在地面混合后，放到适当形状的模具中或放置到空地上进行稳定化处理，也可以在污染土地原位稳定处理。相比较而言，现场原位稳定处理比较经济，并且能够处理深度达到 30m 处的污染物。

3. 土壤蒸汽浸提修复技术及其原理

土壤蒸汽浸提技术是利用物理方法将不饱和土壤中挥发性有机组分（VOCs）去除的一种修复技术，它通过降低土壤孔隙的蒸汽压，把土壤中的污染物转化为蒸汽形式，主要适用于高挥发性化学污染土壤的修复，如汽油、苯和四氯乙烯等污染的土壤。土壤蒸汽浸提技术的基本原理是在污染土壤内引入清洁空气产生驱动力，利用土壤固相、液相和气相之间的浓度梯度，在气压降低的情况下，将污染物转化为气态后排出土壤。它利用真空泵产生负压，驱使空气流过污染的土壤孔隙而解吸并夹带有机组分流向抽取井，并最终于地上进行处理。为增加压力梯度和空气流速，很多情况下在污染土壤中也安装若干空气注射井。该项技术可操作性强，处理污染物的范围宽，可由标准设备操作，不破坏土壤结构以及对回收利用废物有潜在价值等优点,因其具有巨大的潜在价值已被应用于商业实践。

4.电动力学修复技术及其原理

电动力学修复技术是从饱和土壤层、不饱和土壤层、污泥沉积物中分离提取重金属、有机污染物的过程。其基本原理是利用插入土壤中的两个电极在污染土壤两端加上低压直流电场,在低强度直流电的作用下,水溶的或者吸附在土壤颗粒表层的污染物根据各自所带电荷的不同而向不同的电极方向运动,土壤中的带电颗粒在电场内定向移动,土壤中污染物在电极附近聚集,这样就将溶解到土壤溶液中的污染物吸收到一起而去除。这项技术可修复的金属离子包括铬、汞、镉、铅、锌、锰、钼、铜、镍、铀等,有机物包括苯酚、乙酸、六氯苯、三氯乙烯以及一些石油类污染物,最高去除效率可达90%。

二、人工生态修复的化学原理

虽然引起森林植被退化的人为原因很多,但大致还是可以分为两类,即不合理土地利用引起的退化和污染引起的土壤退化。

(一)退化、沙化土壤的化学修复原理

1.退化、沙化土壤的生物化学修复机制

人类的不合理利用容易引起土壤的退化、沙化。土壤退化的主要特征是土壤质地变差,肥力降低,生产力下降。沙化土壤是退化土壤中比较严重的一种形式,主要表现为:土壤内聚力差、松散,易流动;在风力作用下更容易发生风蚀,而且易干燥;土壤粗化和贫瘠化;生产力极其低下。

最好的修复退化、沙化土壤的生物化学方法是大量施用有机肥料。各种有机肥料包括生物体排泄物(如动物粪便、厩肥)和泥炭类物质和污泥等。

有机肥料培肥改土的机理有:①有机肥料生物体排泄物含有一定量的微生物,可加速植物残体的矿化过程,丰富土壤的微生物群落。②有机肥料含有有机酸,如乳酸、酒石酸等,可与重金属形成稳定性的络合物,改善重金属污染土壤状况,泥炭类有机物能够增加土壤的吸附容量和持水能力。③厩肥含有多量胡敏酸胶体,它能与黏粒结合,形成团粒,在酸性或石灰性土壤中，均能促进团粒结构的形成。实践表明，以泥炭为垫料的猪厩肥用来改造有毒土壤，效果很好。④施用有机肥料，可以直接增加土壤有机质和养分含量，而土壤有机质含量和养分含量的高低，既关系到土壤的发育，又影响作物的生长。

实践证明，在农田中大量施用有机肥可明显改善土壤的理化性质和肥力状况。在风沙环境治理过程中，通过发展畜牧业的规模养殖来增加沙质土壤的有机肥施用量，不仅可大幅度提高产量和降低成本，还可有效防止土壤风蚀。

2. 酸性土壤的化学修复

由于燃煤形成的酸雨现象在我国广泛存在，受酸雨污染影响的土壤和受其他重金属或有机物轻度污染的土壤，可采用施用有机物质、改良剂、黏土矿物等的方法，使退化土壤性能得以改善，或使污染物变成难迁移态或使其从土壤中去除。

石灰性物质是一种成本较低、使用方便的土壤化学改良剂。经常采用的石灰性物质有熟石灰、硅酸钙、硅酸锌钙和碳酸钙等。石灰性物质能够通过与钙的共沉淀反应促进金属氢氧化物的形成，以中和酸性土壤，使土壤酸性达到植物生长能够接受的范围。使用时，要将石灰磨细成粒径很小的粉状，以提高颗粒的比表面积，使石灰性物质与金属离子充分接触和反应。

(二) 污染土壤的化学修复原理及应用

由于工业化的进行，土壤中被排放了大量废水、废渣等污染物，这造成了土壤污染。污染土壤的化学修复，主要包括化学氧化、化学还原、化学淋洗和溶剂浸提等。这些人工修复技术，在对不同类型污染土壤的化学修复中发挥着重要作用。

1. 污染土壤的化学氧化修复

化学氧化修复是一项污染土壤人工修复技术。其基本原理是将化学氧化剂掺进污染土壤中，使之与污染物产生氧化反应，使污染物降解或转化为低毒、低移动性产物。该技术主要用来修复被油类、有机溶剂、多环芳烃（如萘）、PCP、农药以及非水溶态氯化物（如三氯乙烯 TCE）等污染物污染的土壤，对饱和脂肪烃则不适用。最常用的氧化剂是 K_2MnO_4 和 H_2O_2，以液体形式泵入地下污染区。通过氧化剂与污染物的混合、反应使污染物降解或导致形态的变化。为了更快捷地达到修复的目的，通常用一个井注入氧化剂，另一个井将废液抽提出来，并且含有氧化剂的废液可以循环再利用。

2. 污染土壤的化学还原与还原脱氯修复

对地下水构成污染的污染物经常在地面以下较深范围内，在很大的区域内呈斑块状扩散，这使常规的修复技术往往难以奏效。一个较好的方法是创建一个化学活性反应区或反应墙，当污染物通过这个特殊区域的时候被降解或固定，这就是原位化学还原与还原脱氯修复技术。其基本原理就是利用化学还原剂将污染物还原为难溶态，从而使污染物在土壤环境中的迁移性和生物可利用性降低。通过注射井，向土壤下层中注射的还原剂有亚硫酸盐、硫代硫酸盐、羟胺、FeO、SO_2 等，并给予一定压力使其在治理目标区内扩散。其中，最常用的是 SO_2 气体，适用于高渗碱性土壤中铬、铀、钍等对还原敏感的元素以及散布范围较大的氯化溶剂的污染修复。

3. 污染土壤的化学淋洗修复原理

土壤化学淋洗修复原理是借助能促进土壤环境中污染物溶解或迁移作用的溶剂，通过水力压头推动清洗液，将其注入被污染土层，然后再把包含有污染物的液体从土层中抽提出来，进行分离和污水处理。清洗液可以是清水，也可以是包含冲洗助剂的溶液。清洗液可以循环再生或多次注入地下水来活化剩余的污染物。通常受到低辛烷或水分配系数的化合物、羟基类化合物、低分子量醇类和羧基酸类污染物污染的土壤比较适合采用这种技术进行清除。

4. 污染土壤的溶剂浸提修复原理

溶剂浸提技术通常也被称为化学浸提技术。其原理是利用溶剂将那些不溶于水，吸附或粘贴在土壤、沉积物或污泥上的有害化学物质，如 PCBs、油脂类、氯代碳氢化合物、多环芳烃（PAHs），从污染土壤中提取出来或去除。该项技术一般不用于去除重金属和无机污染物，适合采用溶剂浸提技术的最佳土壤条件是黏粒含量低于 15%、湿度低于 20% 的土壤。

第四节　森林植被恢复技术

一、人工造林恢复植被技术

在进行人工造林时，只有针对生境条件的严酷性，并掌握其生境特征及变化规律，围绕水分问题制订造林配套措施，减少限制因子的影响，才能确保造林质量提高。

（一）人工造林树种选择

针对地区生态环境特点，造林树种选择应遵循适地适树、生态与经济效益并重、长短结合的原则。按适地适树原则选择造林树种，就是在选择树种之前先要弄清造林地区及具体造林地段的立地性能，也要弄清各造林树种的生态学特性。有的地区自然森林群落组成树种丰富，生态类型多样，自然选择的压力，塑造了森林树种以不同方式、途径来适应易干旱、严酷的生境。因此，造林树种选择尤其要考虑树种的水分生态特性及其对水分亏缺的适应方式和途径，应选择适应性强、耐干旱瘠薄、根系发达、成活容易、生长迅速、更新能力强的树种。此外，由于小生境的多样性，在不同的小生境也要配置不同生态特性的树种。

森林培育的目标往往不是单一的，而是几种目标并存或以一种目标为主兼顾其他。由于培育的目标不同，造林树种也不尽相同。例如，用材林对造林树种的基本要求是生长快、成材早，干形材质优良，单位面积产量高。而防护林尽量要求多树种，深根性和浅根性、常绿和落叶、针叶和阔叶等树种混交，经济林、薪炭林等其他林种的选择，要求也各不相同。因此，在造林树种选择时除了要考虑适地适树，为了经营利益，还要考虑生态与经济效益并重、长短结合、以短养长的原则，以提高造林的积极性。

从生态学角度看，一个造林地区内树种不能太单调，最好是针叶树和阔叶树，用材树种和经济树种，速生树种和珍贵树种，乔木、灌木、草本植物等各有一个合理的搭配，使整个地区恢复的森林能形成一个比较协调、相对稳定的大的森林生态系统，充分发挥森林的多种功能。

根据上述原则，参考树种选择试验，自然群落种类组成和树种水分特征研究结果及经营习惯，推荐以下用材林、防护林、经济林等树种作为人工造林树种。

第一，用材、防护林树种。主要包括滇柏、藏柏、柏木、华山松、火炬松、马尾松、柳杉、女贞、刺槐、喜树、青桐、泡桐、梓木、楸树、杨树、大叶樟、香叶树、麻栎、白栎、光皮桦、臭椿、苦楝、酸枣、云贵鹅耳枥、椤木石楠等。

第二，经济林树种。主要包括杜仲、黄檗、花椒、核桃、板栗、银杏、乌桕、棕树、桑树、柿树、李、桃、梨、漆树、油桐、盐肤木、慈竹、麻竹等。

第三，灌、草种。主要包括刺梨、紫穗槐、金银花、三叶木通、龙须草、蓑草、香根草、百喜草等。

(二) 苗木培育

1. 苗圃地选择

苗圃地选择首先要做到就地育苗，以便使苗圃地生境条件与造林地相近，增强苗木的适应性，并能做到随起随栽，提高造林成活率。其次苗圃地应选在坡度较缓、避风、土壤条件良好的生荒土地段以利培育壮苗。最后苗圃地还应尽量设在水源、交通等较方便的地方。

山地条件下的苗圃地一般以土壤质地、土层厚薄来判断土壤条件的好坏。在土壤水分和光照适宜的条件下，土层深厚、石砾少的壤质土壤，不沙又不黏，具有较好的通气、透水性和养分条件，利于苗木根系的生长，且起苗时伤根少。黏土则不适于做苗圃地，因其土壤结构紧密，通气透水性较差，不利于苗木根系生长，苗木生长差，起苗时也容易伤根。

2. 选优良种源采种及种子贮藏

根据所选择的造林树种，要采用优良种源的母树种子育苗，母树采种时间应根据种子成熟、脱落及当时的气候条件适时采种。由于山区造林树种的种子成熟期大部分在10～12月，采种后种子需要贮藏数周至几个月，才能用于育苗。因此,采种后需对种子进行处理,并采取合理贮藏方法进行种子贮藏,一般可采用干藏或沙藏方法,这要视种子的特点及要求而定。

一般来说,种子小而轻、含水率低、贮藏时间短或种皮紧密,透气性差或者含脂肪、蛋白质多的种子,如喜树、柳杉、滇柏、华山松、马尾松、梓木、楸树等都适宜干藏,干藏可采用麻袋、布袋、木箱等容器装种,置于凉爽通风、干燥的地方。而对于从成熟到发芽一直要求保持高含水量的种子,如板栗、栎类、大叶樟、油桐、酸枣等则适宜湿藏,即可采取黄沙、种子混合沙藏的方法,采用木箱作贮藏容器,种子贮藏期应经常翻动并保持沙子的湿度。

3. 整地作床、播种育苗

苗圃地宜在早冬耕翻作床,土壤经翻耕疏松后,通气透水性提高,利于吸收降水,提高土壤得水能力。苗床宽1m左右,长度视地形条件而定,沿等高水平线设置。耕地深度对耕地的作用影响最大,一般以20~25cm深度为宜,耕地时需捡净石块、杂草根,播种前,再翻耕一次土壤,并将土粒打碎耙平,同时施足基肥。

大部分地区播种育苗时间一般多在春季进行,即3~4月。播种方法可采用条播或撒播。条播是应用最广泛的方法,其优点是苗木有一定的行间距离,使苗木受光较均匀,通风良好,便于中耕、除草、追肥,又节省种子,起苗方便。条播时,在做好的苗床开条沟,沟距25~30cm,沟深5~10cm,并在每条沟施放一定数量的有机肥、灰肥等复合肥再播放种子。撒播的优点是产苗量高,但不利于苗期管理。播种量及苗木密度因不同的树种及种子大小而不同,一般产苗量以100~300株/平方米为宜,播种后覆土厚度为1~3cm,小粒种子覆土厚度较浅,大粒种子则相反。

播种后至秋季苗木生长结束,苗木要经过出苗期、幼苗期、速生期和苗木硬化期这4个时期。苗期管理措施主要在幼苗期和速生期进行,应勤除草松土,如遇干旱天气,需及时浇水,为促进苗木生长,提高苗木质量,需在幼苗期(4~5月)和速生期(7~8月)追施1~2次速效性肥料,如氮肥,并适时间苗、定苗,在速生期还应追施钾肥。此外,还要及时防治病虫害。

造林用苗木要按高、径指标选用一年生一、二级苗木。

4. 容器育苗

对于生态环境严酷的地区，应大力提倡容器苗造林。容器苗与裸根苗造林相比，裸根苗造林虽成本较低、方便，然其主要缺点在于起苗过程中损伤了根系，破坏了根系和土壤的结合，若起苗与栽植相隔较久更会造成苗木成活率降低，且造林前的整地规格要求也较高，而使用容器苗造林，尽管其培育苗木的成本及运费较高，但其苗木根系不受损伤，生命力强，缓苗期短，栽植后根系即能吸收土壤中水分，可减轻土壤经常出现的临时性干旱的威胁，对提高造林成活率、保存率有明显效果。据试验，可使造林保存率达85%~100%。

目前，容器育苗所用的容器一般有塑料薄膜或纸质制成的容器袋，规格多为10cm×15cm或10cm×20cm，育苗前应先配制好营养基质，基质主要成分应选择养分较高的疏松表层土壤，同时配比一定量的堆肥、厩肥或灰肥等。育苗时先在容器内装填营养基质，然后再按品字形密摆于苗床上，苗床四周需培土约15cm高。再将种子直接点播于容器内或先对种子进行催芽，再移小苗至容器内育苗。

容器苗的管理较普通裸根苗的育苗要求高，在苗期要做好浇水、除草、施肥、补苗、病虫害防治等措施。

5. 切根苗

切根又叫断根，指将生长在苗床上的苗木根用工具切断的措施，其目的主要是限制主根生长，刺激侧根须根生长，形成较发达根系，并改变苗木根冠比，提高根系含水量，增强苗木适应干旱生境和吸收土壤水分、养分的能力，提高造林成活率。据试验，采用切根苗造林，保存率可达85%以上。切根时间一般在幼苗期进行，用特制的切根铲刀，在条播苗木行间，按一定角度插入土中切断主根，切根深度为6~8cm，约切去1/3主根长，切根后要立即浇一次透水，使松起的土壤及苗根紧密接触。

二、封山育林恢复植被技术

(一) 封山育林地段选择

封山育林地段的选择是封育能否取得成效的关键之一。特别是那些亚热带生物气候条件的地区,为植被自然恢复提供了良好的水热条件,只要被破坏地段上存在繁殖体(残存或侵入的种子,伐桩等有性、无性繁殖体),自然恢复的可能性就存在。但由于在不同的地段上,植被受破坏的程度不同,残留植被(灌丛、草坡、残次乔林等)的组成、结构、天然更新能力和生境条件也不尽相同,封山育林的效果即成林的速度和质量也不同。因此,封育地段重点应选择具备种子或无性繁殖体的地段,如灌丛草坡、灌木林地、疏林地等,以便通过天然下种或伐桩、根株萌芽更新,恢复森林植被。

(二) 封育类型划分

1. 稀疏灌丛草坡类型

该类型是原有森林植被遭受严重破坏,经反复砍柴、放牧、火烧后,草本植物与少量残存或侵入的灌木混生而成,为草坡发展至灌丛的过渡阶段。主要分布于纯质灰岩和白云岩山地坡上部或中上部,水土流失严重,岩石裸露率高达40%~80%,土壤干旱瘠薄,石砾含量高。以草本植物占优势,盖度70%~95%,主要有禾本科的白茅、黄背茅、扭黄茅及菊科、蕨类植物等。灌木一般成丛或零星分布,盖度15%~25%,主要种类有火棘、小果南烛、细叶铁仔、山柳等及极少量光皮桦、白栎等幼树。

稀疏灌丛草坡分布地段,生境条件严酷,在无足够种子和无性繁殖体来源情况下,植被恢复较困难,并将长期停留于此阶段。但由于该类型已具备一定的土壤及庇荫条件,为种子萌发和幼苗生长创造了必要物质基础,若进行封山,严格控制人为活动,并施以人工促进更新措施,增加种子或无性繁殖体来源,也能封山成林。

2. 灌丛、灌木林类型

该类型在山地分布较广,是原生植被遭受人为严重破坏后,而形成的典型次生植被。多分布于阳坡面,分布地段岩石裸露率达40%~75%,土壤为发育在纯质灰岩和白云岩的黄色石灰土，土层浅薄，石砾含量较高。组成树种多分布于石沟、石缝等有土生境中，且多具刺，叶小、革质、较厚等旱生特点。主要组成种类有云南鼠刺、火棘、化香、枸子、羊舌条、细叶铁仔、小果蔷薇等，盖度30%～50%。草本植物主要有芒草、黄背茅、苔草、蕨类等，盖度30%～70%。这些组成树种一般具较强的萌芽、萌蘖能力，多成丛生长，说明无性更新在植被自然恢复中起较大的作用。

该类型虽然立地条件较差，但由于其地段上具备了繁殖体，特别是组成种的萌芽、萌蘖更新能力较强。因此，随着环境条件的进一步改善，封山后植被自然恢复的可能性及潜力较大，初期恢复的速度也较快。

3. 低价值乔林类型

该类型中包括阔叶乔林和以针叶树为主的针叶乔林两类。低价值阔叶林是原生植被受人为砍伐破坏后，以根、桩萌芽、萌蘖等无性更新为主，结合种子更新而形成的次生乔林，一般为疏林，也有密度较大的林分，如麻栎林、桦木林等。多分布于坡的中下坡，岩石裸露率低、土层较厚的地段。主要乔木组成树种有麻栎、白栎、木姜子、光皮桦、鹅耳枥、响叶杨、香叶树等，盖度70%～80%，灌木覆盖度20%～25%，草本覆盖度50%。

低价值针叶乔林原为马尾松或柏木人工林，因人为多次砍伐后，天然更新而形成的一种残次林，受人为干扰程度大，岩石裸露率较高，土壤干旱瘠薄地段，呈疏林状态，林相颓败。林内已有天然下种或萌芽能力强的阔叶树，如光皮桦、麻栎、茅栗、盐肤木、女贞、化香等侵入，进行封山育林可以形成针阔混交林。

低价值乔林类型虽然树种组成复杂，分布及生长不均，林分质量较差。但所处的立地条件较好，种源丰富，且种类组成中多数具适应性广、萌芽力强、有性无性更新相结合及多代萌芽的特点，自然恢复的潜力大、速度快。因此，进行封山并采取相应育林措施，可培育成能够提供优良木材和其他林副产品，以及充分发挥其较优的涵养水源，保持水土作用的优良林分。

4. 弃耕迹地类型

弃耕迹地多分布于坡中部或上部，是不合理使用土地，毁林开荒，陡坡开垦而丢弃后形成的，由于曾经过人为耕作（一般达两年以上），地段上繁殖体缺乏，植被自然恢复所需繁殖体主要靠周围树种的天然下种侵入。封山后首先侵入的是一年生或多年生草本植物；其次是由迹地周围或土坎边缘残留的麻栎、光皮桦、响皮杨、川榛、山柳、盐肤木等耐旱、喜光的乔、灌木树种侵入。弃耕迹地植被自然恢复初期，种源缺乏，植被恢复速度较慢。一旦繁殖体来源有保障，由于立地条件较好，植被恢复速度将加快。

（三）封山育林技术体系

封山育林是对疏林地、灌木林地和具有残存植被的荒山进行封禁，依靠天然下种和萌芽分蘖能力，加以人工培育，恢复和发展森林植被的一种方法。包括"封"和"育"。"封"是将划出的地保护起来，严禁伐树、砍柴、放牧、开荒、取土、打猎等人为活动，使该地区的生物群落向着进展方向演替；"育"是在封禁期间，在封禁地进行断根、移根、补种、平茬、除叶、定株、割灌、局部整地等人为措施，促进下种速度和根蘖萌发。

1. 封育原则

封山育林规划施工设计，需遵循下列原则：以封为主，封育结合。因林制宜，因地制宜，综合培育。有主有次，有针对性。由近及远，由易及难，先点后面。针对立地条件，先好后差，争取封育成林。集中成片，一坡一沟。综合培育，整体协调，合理安排。生态效益为主，兼顾经济社会效益。立地水土流失严重，改为种草育草。

2. 作业类型

作业类型包括封禁型、封育型、封造型。封禁型一般在远山、高山植被较好的地区或陡坡地区封禁。封育型一般在立地条件较差，但有一定人工或天然幼林、幼苗分布的地段封育。封造型一般在立地条件较好，但植被较差，缺乏天然下种母树，依靠天然更新困难，需要补植补造的无林地或覆盖差的灌木林地。

3. 封山育林技术措施

封山育林技术措施主要包括：①确定培育的主要树种和次要树种。主要树种是指最适合当地生长的并具有最大培养价值的树种。主要树种一般具有良好的水土保持能力,在群落中能起到建群种或优势种作用,或在植物群落演替中具有促进发展演替的作用。②补植补种。在封造型的各小斑林中空地,以块状或穴状方式整地,补植地带性植物群落建群种、优势种或其他促进生态系统恢复的植物种。③平茬和割灌。在树木休眠季节,在早春树液开始流动前,进行平茬和割灌,为培育树种提供良好的空间和生长环境。④间株和定株。在密度大的林分或自然稀疏困难的林分中进行。根据封育目标,把高大、通植、树冠发育良好的优势木保留下来,伐去被压木、枯弱木和无培养前途的其他树木。⑤修枝。结合割灌同时进行,萌生幼树一般在秋末和早春进行。⑥人工促进天然更新整地。在林中近母树的空地进行粗放整体,促进天然下种。

第七章　水生态保护与修复

第一节　水污染及其处理

一、水污染及其危害

（一）有机污染物及其危害

农药的使用大多采用喷洒形式，使用中约有50%的滴滴涕以微小雾滴形式散布在空间，就是洒在农作物和土壤中的滴滴涕也会再度挥发进入大气。在空中滴滴涕被尘埃吸附，能长期飘荡，平均时间长达4年之久。在这期间，带有滴滴涕的尘埃逐渐沉降，或随雨水一起降到地表和海面。

海洋中的多氯联苯主要是由于人们任意投弃含多氯联苯的废物带进去的。同时，在焚烧废弃物过程中，多氯联苯经过大气搬运入海也不可忽视，仅在日本近海，多氯联苯的累积量已经超过了1万吨。

（二）油类污染物及其危害

油类污染物主要来自于含油废水。水体含油达0.01mg/L即可使鱼肉带有特殊气味而不能食用。含油稍多时，在水面上形成油膜，使大气与水面隔离，破坏正常的充氧条件，导致水体缺氧，同时油在微生物作用下的降解也需要消耗氧，造成水体缺氧。油膜还能附在鱼鳃上，使鱼呼吸困难，甚至窒息死亡。当鱼类产卵期，在含油废水的水域中孵化的鱼苗，多数产生畸形，生命力低弱，易于死亡。含油废水对植物也有影响，妨碍光合作用和通气作用，使水稻、蔬菜减产。含油废水进入海洋后，造成的危害也是不言而喻的。

(三) 重金属污染物及其危害

水的重金属污染主要由工业生产中产生的含有重金属的废水排入江河湖海造成，这些工业包括纺织、电镀、化工、化肥、农药、矿山等。重金属在水体中一般不被微生物分解，只能发生生态之间的相互转化、分解和富集，重金属在水中通常呈化合物形式，也可以离子状态存在，但重金属的化合物在水体中溶解度很小，往往沉于水底。由于重金属离子带正电，因此在水中很容易被带负电的胶体颗粒所吸附。吸附重金属的胶体随水流向下游移动。但多数很快沉降。由于这些原因，大大限制了重金属在水中的扩散，使重金属主要集中于排污口下游一定范围内的底泥中。沉积于底泥中的重金属是个长期的次生污染源，而且难治理。每年汛期，河川流量加大和对河床冲刷增加时，底泥中的重金属随泥一起流入径流。

重金属排入海洋的情况和数量，各不相同，如汞主要来自工业废水和汞制剂农药的流失以及含汞废气的沉降。汞每年排入海洋约有 1×10^4 t。铅在太平洋沿岸表层水中浓度与 30 年前相比增加了 10 倍以上，每年排入海洋的铅约有 1×10^4 t。近年来镉对海洋的污染范围日益增大，特别在河口及海湾更为严重。近年有的国家发现在 100 海里之外的海域也受到镉的影响。铜的污染是通过煤的燃烧而排入海洋。每年，全世界锌通过河流排入海洋高达 3.03×10^6 t。目前，在海洋中砷的污染虽然较小，但在污染区附近污染程度十分严重，这是由于海洋生物一般对砷具有较强的富集力，砷的污染对人类的危害也较大。铬的毒性与砷相似，海洋中铬主要来自工业污染。在制铬工业中，如果日处理 10t 原料，那么每年排入海洋的铬约有 73～91t。

重金属污染的危害中，汞对鱼、贝危害很大，它不仅随污染了的浮游生物一起被鱼、贝摄食，还可以吸附在鱼鳃和贝的吸水管上，甚至可以渗透鱼的表皮直到体内，使鱼的皮肤、鳃盖和神经系统受损，造成游动迟缓、形态憔悴。汞能影响海洋植物光合作用，当水中汞的浓度较高时，就会造成海洋生物死亡。汞对人体危害更大，尤其是甲基汞，一旦进入人体，肝、肾就会受损，最终导致死亡。镉一旦进入人体后很难排出，当浓度较低时，人会倦息乏力、头痛头晕，随后会引起肺气肿、肾功能衰退及肝脏损伤，而当铅进入血液后，浓度达到 80μg/mL 时，人就会中毒。铅是一种潜在的泌尿系统的致癌物质，危害人体健康。海洋中铜、锌的污染会造成渔场荒废，如果污染严重，就会导致鱼类呼吸困难，最终死亡。

（四）有毒污染物及其危害

废水中有毒污染物主要有无机化学毒物、有机化学毒物和放射性物质。

无机化学毒物主要指重金属及其化合物。很多重金属对生物有显著毒性，并且能被生物吸收后通过食物链浓缩千万倍，最终进入人体造成慢性中毒或严重疾病。如著名的日本水俣病就是由于甲基汞破坏了人的神经系统而引起的；骨痛病则是镉中毒造成骨骼中钙减少的结果，这两种疾病都会导致人的死亡。

有机化学毒物主要指酚、硝基物、有机农药、多氯联苯、多环芳香烃、合成洗涤剂等，这些物质都具有较强的毒性。它们难以降解，其共同的特点是能在水中长期稳定地留存，并通过食物链富集最后进入人体。如多氯联苯具有亲脂性，易溶解于脂肪和油中，具有致癌和致突变的作用，对人类的健康构成了极大的威胁。

（五）生物污染物及其危害

生物污染物是指废水中含有的致病性微生物。污水和废水中含有多种微生物，大部分是无害的，但其中也含有对人体与牲畜有害的病原体。如制革厂废水中常含有炭疽杆菌，医院污水中有病原菌、病毒等。生活污水中含有引起肠道疾病的细菌、肝炎病毒和寄生虫卵等。

（六）营养物质污染物及其危害

有机物污染主要来自食品、化肥、造纸、化纤等工业的废水以及城市的生活用水。海洋中有机污染物除了小部分由航行船只排入的生活污水之外，绝大部分由沿岸、江河带入海洋，污染源都在沿岸。

海水富营养化会造成缺氧，使鱼贝死亡；助长病毒繁殖，毒害海洋生物，并直接传染人体；影响海洋环境，造成赤潮危害等，海域一旦形成赤潮后，就会造成水体缺氧，赤潮生物死亡后，又会消耗水中溶解氧，加剧海水缺氧程度，甚至造成海水无氧状态，导致海洋生物大量死亡。同时赤潮生物体内含有毒素，经微生物分解或排出体外，能毒死鱼虾贝等生物。赤潮还会破坏渔场结构，致使形不成渔汛，影响渔业生产。人类如果吃了带有赤潮毒素的海产品，会中毒，甚至死亡。

（七）热废水污染及其危害

热废水来源于工业排放的废水，其中尤以电力工业为主，其次有冶金、石油、造纸、化工和机械工业等。一般以煤或石油为燃料的热电厂，只有1/3的热量转化为电能，其余的则排入大气或被冷却水带走。原子发电厂几乎全部的废热都进入冷却水，约占总热量的3/4。

热废水对环境的危害主要是：导致水域缺氧，影响水生生物正常生存；原有的生态平衡被破坏，海洋生物的生理机能遭受损害；使渔场环境变化，影响渔业生产等。

二、污水处理的基本方法分类

（一）物理处理法

重力分离法指利用污水中泥沙、悬浮固体和油类等在重力作用下与水分离的特性，经过自然沉降，将污水中密度较大的悬浮物除去。离心分离法是在机械高速旋转的离心作用下，把不同质量的悬浮物或乳化油通过不同出口分别引流出来，进行回收。过滤法是用石英砂、筛网、尼龙布、隔栅等作过滤介质，对悬浮物进行截留。蒸发结晶法是加热使污水中的水汽化，固体物得到浓缩结晶。磁力分离法是利用磁场力的作用，快速除去废水中难以分离的细小悬浮物和胶体，如油、重金属离子、藻类、细菌、病毒等污染物质。

（二）化学处理法

化学处理法就是通过化学反应和传质作用来分离、去除废水中呈溶解、胶体状态的污染物或将其转化为无害物质的废水处理法。通常采用方法有：中和、化学沉淀、氧化还原、电解、电渗析法和超滤法等方法。

1. 中和

用化学方法去除污水中的酸或碱，使污水的pH值达到中性的过程称中和。

当接纳污水的水体、管道、构筑物对污水的pH值有要求时，应对污水采取中和处理。对酸性污水可采用与碱性污水相互中和、投药中和、过滤中和等方法。中和剂有石灰、石灰石、白云石、苏打、苛性钠等。对碱性污水可采用与酸性污水相互中和、加酸中和和烟道气中和等方法，使用的酸常为盐酸和硫酸。

酸性污水中含酸量超过4%时，应首先考虑回收和综合利用；低于4%时，可采用中和处理。

碱性污水中含碱量超过2%时，应首先考虑综合利用；低于2%时，可采用中和处理。

2. 化学沉淀

加入化学药剂，使污水中的一部分可溶物与之反应，变成不溶物而沉淀下来，得以与水分离。从化学反应来看属于氧化还原反应，但不是使用强氧化剂或还原剂，而是以沉淀物的形式与水分离，故称化学沉淀法。

对含有重金属的污水，加入石灰可以生成重金属的氢氧化物沉淀物或钙盐沉淀；如果加入硫化剂，可以生成重金属硫化物沉淀。比如能与H_2S反应发生沉淀的金属有铜、银、汞、铅、镉、砷、金、铂、锑、钼、锌、钴、镍、铁等。

3. 氧化还原

污水中的有毒、有害物质在氧化还原反应中被氧化或还原为无毒、无害的物质，这种方法称氧化还原法。

常用的氧化剂有空气中的氧、纯氧、臭氧、氯气、漂白粉、次氯酸钠、三氯化铁等，可以用来处理焦化污水、有机污水和医院污水等。

常用的还原剂有硫酸亚铁、亚硫酸盐、氯化亚铁、铁屑、锌粉、二氧化硫等。如含有六价铬（Cr^{6+}）的污水，当通入SO_2后，可使污水中的六价铬还原为三价铬。

4. 电解

电解法的基本原理就是电解质溶液在电流作用下，发生电化学反应的过程。阴极放出电子，使污水中某些阳离子因得到电子而被还原（阴极起到还原剂的作用）；阳极得到电子，使污水中某些阴离子因失去电子而被氧化（阳极起到氧化剂作用）。因此，污水中的有毒、有害物质在电极表面沉淀下来，或生成气体从水中逸出，从而降低了污水中有毒、有害物质的浓度，此法称电解法，多用于含氰污水的处理和从污水中回收重金属等。

5. 电渗析法

电渗析法是对溶解态污染物的化学分离技术，属于膜分离法技术，是指在直流电场作用下，使溶液中的离子作定向迁移，并使其截留置换的方法。离子交换膜起到离子选择透过和截阻作用，从而使离子分离和浓缩，起到净化水的作用。电渗析法处理废水的特点是不需要消耗化学药品，设备简单，操作方便。

6. 超滤法

超滤法属于膜分离法技术，是指利用静压差，使原料液中溶剂和溶质粒子从高压的料液侧透过超滤膜到低压侧，并阻截大分子溶质粒子的技术。在废水处理中，超滤技术可以用来去除废水中的淀粉、蛋白质、树胶、油漆等有机物和黏土、微生物，还可用于污泥脱水等。

（三）物理化学处理法

1. 混凝

混凝是水处理的一个十分重要的方法。向水中投加混凝剂，以破坏水中胶体颗粒的稳定状态，在一定的水力条件下，通过胶粒间以及其他微粒间的相互碰撞和聚集，从而形成易于从水中分离的絮状物质的过程称混凝。

混凝过程可去除水中的浊度、色度、某些无机或有机污染物，如油、硫、砷、镉、表面活性物质、放射性物质、浮游生物和藻类等。

混凝剂种类很多，有无机盐类、高分子絮凝剂以及助凝剂等。一般情况下，应进行被处理水的混凝剂选择试验，来确定混凝剂的种类、投加数量和投加方式，或参照类似被处理水条件下的运行经验来确定。

混凝法可用于各种工业污水的预处理、中间处理或最终处理。

2. 吸附法

常见的吸附剂有活性炭、树脂吸附剂（吸附树脂）、腐殖酸类吸附剂。吸附工艺的操作方式有静态间歇吸附和动态连续吸附两种。在污水处理中，物理吸附和化学吸附是相伴发生的综合作用的结果，主要用来处理有机废水、含酚污水，或用于污水的深度处理。

3. 膜分离法

利用透膜使溶剂（水）同溶质或微粒（污水中的污染物）分离的方法称为膜分离法。其中，使溶质通过透膜的方法称为渗析；使溶剂通过透膜的方法称渗透。

膜分离法依溶质或溶剂透过膜的推力不同，可分为以下三类：

①以电动势为推动力的方法，称电渗析或电渗透。

②以浓度差为推动力的方法，称扩散渗析或自然渗透。

③以压力差（超过渗透压）为推动力的方法有反渗透、超滤、微孔过滤等。

在污水处理中，应用较多的是电渗析、反渗透和超滤。

4. 萃取

利用某种溶剂对不同物质具有不同溶解度的性质，使混合物中的可溶组分，得到完全或部分分离的过程，称为溶剂萃取。这里要特别指出：所选的溶剂（萃取剂）必须与被处理的液体（如污水）不相溶，而对被萃取的物质具有明显的溶解能力。常用的萃取剂有重苯、二甲苯、粗苯等。萃取设备有隔板塔、填料塔、筛板塔、振动塔等，可视具体情况选择。

5. 离子交换

通过树脂进行离子交换，使污水中的有害物质进入树脂而被除去的方法称离子交换法，常用于处理含重金属污水和电镀污水。

（四）生物处理法

1. 活性污泥法

活性污泥是以废水中有机污染物为培养基，在充氧曝气条件下，对各种微生物群体进行混合连续培养而成的，细菌、真菌、原生动物、后生动物等微生物及金属氢氧化物占主体的，具有凝聚、吸附、氧化、分解废水中有机污物性能的污泥状褐色絮凝物。活性污泥中至少有 50 种菌类，它们是净化功能的主体。污水中的溶解性有机物是透过细胞膜而被细菌吸收的；固体和胶体状态的有机物是先由细菌分泌的酶分解为可溶性物质，再渗入细胞而被细菌利用的。活性污泥的净化过程就是污水中的有机物质通过微生物群体的代谢作用，被分解氧化和合成新细胞的过程。人们可根据需要培养和驯化出含有不同微生物群体并具有适宜浓度的活性污泥，用于净化受不同污染物污染的水体。

2. 生物塘法

生物塘法，又称氧化塘法，也叫稳定塘法，是一种利用水塘中的微生物和藻类对污水和有机废水进行生物处理的方法。污水中的碳主要以溶解性有机碳形式进入稳定塘，无光照射时，死亡细菌、藻类沉入塘底，在厌氧作用下，分解成溶解性有机碳和无机碳。塘中不溶性有机碳在塘底厌氧条件下分解，进而转化为溶解性有机碳和无机碳。

污水中的氮主要分为有机氮化合物和氨氮两种形态。污水中的氮进入稳定塘后，首先有机氮化合物在微生物作用下分解为氨态氮。氨态氮在硝化细菌作用下，转化为硝酸盐氮。硝态氮在反硝化菌作用下，还原为分子态氮。在 pH 值较高、水力停留时间较长、温度较高条件下，水中氨态氮以 NH_3 形式存在，可向大气挥发。氨态氮或硝态氮可作为微生物及各种水生植物的营养，合成其本身机体，死亡的细菌和藻类经解体后形成溶解性有机氮和沉淀物。沉淀在厌氧区的有机氮在厌氧细菌作用下，也可分解。

3. 厌氧生物处理法

厌氧生物处理法是在无分子氧条件下，通过厌氧微生物（包括兼氧微生物）的作用，将污水中的各种复杂有机物分解转化为甲烷和二氧化碳等物质的过程，也称为厌氧消化。

利用厌氧生物法处理污泥、高浓度有机污水等产生的沼气可获得生物能，如生产 1t 酒精要排出约 $14m^3$ 槽液，每立方米槽液可产生沼气 $18m^3$，则每生产 1t 酒精排出的槽液可产生约 $250m^3$ 沼气，其发热量相当于约 250kg

标准煤,并提高了污泥的脱水性,有利于污泥的运输、利用和处置。

4. 生物膜法

生物膜处理法的实质是使细菌和真菌一类的微生物和原生动物、后生动物一类的微型动物于生物滤料或者其他载体上吸附,并在其上形成膜状生物污泥,将废水中的有机污染物作为营养物质,从而实现净化废水。生物膜法具有以下特点:对水量、水质、水温变动适应性强;处理效果好并具良好硝化功能;污泥量小(约为活性污泥法的 3/4)且易于固液分离;动力费用省。

5. 接触氧化法

接触氧化法是一种兼有活性污泥法和生物膜法特点的一种新的废水生化处理法。这种方法的主要设备是生物接触氧化滤池。在不透气的曝气池中装有焦炭、砾石、塑料蜂窝等填料,填料被水浸没,用鼓风机在填料底部曝气充氧。空气能自下而上,夹带待处理的废水,自由通过滤料部分到达地面,空气逸走后,废水则在滤料间隔自上向下返回池底。活性污泥附在填料表面,不随水流动,因生物膜直接受到上升气流的强烈搅动,不断更新,从而提高了净化效果。生物接触氧化法具有处理时间短、体积小、净化效果好、出水水质好而稳定、污泥不需回流也不膨胀、耗电小等优点。

第二节 水生态与生物多样性保护技术

一、水生态保护与修复措施体系

在水生态状况评价基础上,根据生态保护对象和目标的生态学特征,对应水生态功能类型和保护需求分析,建立水生态修复与保护措施体系,主要包括生态需水保障、水环境保护、河湖生境维护、水生生物保护、生态监控与管理五大类措施,针对各大类措施又细分为 14 个分类,直至具体的工程、非工程措施。

(一)生态需水保障

生态需水保障是河湖生态保护与修复的核心内容,指在特定生态保护与修复目标之下，保障河湖水体范围内由地表径流或地下径流支撑的生态系统需水，包含对水质、水量及过程的需求。首先，应通过工程调度与监控管理等措施保障生态基流，其次，针对各类生态敏感区的敏感生态需水过程及生态水位要求，提出具体生态调度与生态补水措施。

（二）水环境保护

水环境保护主要是按照水功能区保护要求，分阶段合理控制污染物排放量，实现污水排浓度和污染物入河总量控制双达标。对于湖库，还要提出面源、内源及富营养化等控制措施。

（三）河湖生境维护

河湖生境维护主要是维护河湖连通性与生境形态，以及对生境条件的调控。河湖连通性，主要考虑河湖纵向、横向、垂向连通性以及河道蜿蜒形态。生境形态维护主要包括天然生境维护、生境再造、"三场"保护以及海岸带保护与修复等。生境条件调控主要指控制低温水下泄、控制过饱和气体以及水沙调控。

（四）水生生物保护

水生生物保护包括对水生生物基因、种群以及生态系统的平衡及演进的保护等。水生生物保护与修复要以保护水生生物多样性和水域生态的完整性为目标，对水生生物资源和水域生态的完整性进行整体性保护。

（五）生态监控与管理

生态监控与管理主要包括相关的监测、生态补偿与各类综合管理措施，是实施水生态事前保护、落实规划实施、检验各类措施效果的重要手段。要注重非工程措施在水生态保护与修复工作的作用，在法律法规、管理制度、技术标准、政策措施、资金投入、科技创新、宣传教育及公众参与等方面加强建设和管理，建立长效机制。

二、生态修复与重建常用的方法

生态修复与重建既要对退化生态系统的非生物因子进行修复重建，又要对生物因子进行修复重建，因此，修复与重建途径和手段既包括采用物理、化学工程与技术，又包括采用生物、生态工程与技术。

（一）物理法

物理方法可以快速有效地消除胁迫压力、改善某些生态因子，为关键生物种群的恢复重建提供有利条件。例如，对于退化水体生态系统的修复，可以通过调整水流改变水动力学条件，通过曝气改善水体溶解氧及其他物质的含量等，为鱼类等重要生物种群的恢复创造条件。

（二）化学法

通过添加一些化学物质，改善土壤、水体等基质的性质，使其适合生物的生长，进而达到生态系统修复重建的目的。例如，向污染的水体、土壤中添加络合/螯合剂，络合/螯合有毒有害的物质，尤其对于难降解的重金属类的污染物，一般可采用络合剂，络合污染物形成稳态物质，使污染物难以对生物产生毒害作用。

（三）生物法

人类活动引起的环境变化会对生物产生影响甚至破坏作用，同时，生物在生长发育过程中通过物质循环等对环境也有重要作用，生物群落的形成、演替过程又在更高层面上改变并形成特定的群落环境。因此，可以利用生物的生命代谢活动减少环境中的有毒、有害物的浓度或使其无害化，从而使环境部分或完全恢复到正常状态。微生物在分解污染物中的作用已经被广泛认识和应用，已经有各种各样的微生物制剂、复合菌制剂等广泛用于被污染的退化水体和土壤的生态修复。植物在生态修复重建中的作用也已经引起重视，植物不仅可以吸收利用污染物，还可以改变生境，为其他生物的恢复创造条件。动物在生态修复重建中的作用也不可忽视，它们在生态系统构建、食物链结构的完善和维护生态平衡方面均有十分重要的作用。

（四）综合法

生态破坏对生态系统的影响往往是多方面的，既有对生物因子的破坏，又有对非生物因子的破坏，因此，生态修复需要采取物理法、化学法和生物法等多种方法的综合措施。例如，对退化土壤实施生态修复，应在诊断土壤退化主要原因的基础上，对土壤物理特性、土壤化学组成及生物组成进行分析,确定退化原因及特点,根据退化状况,采取物理化学及生物学等综合方法。对于严重退化的土壤,如盐碱化严重或污染严重的土壤,可以采取耕翻土层、深层填埋、添加调节物质(如用石灰、固化剂、氧化剂等)和淋洗等物理化学方法。在土壤污染胁迫的主要因子得以控制和改善后,再采取微生物、植物等生物学方法进一步改善土壤环境质量,修复退化的土壤生态系统。

三、生物多样性保护技术

(一)生物多样性丧失的原因

物种灭绝给人类造成的损失是不可弥补的。物种灭绝与自然因素有关,更与人类的行为有关。

物种的产生、进化和消亡本是个缓慢的协调过程,但随着人类对自然干扰的加剧,在过去,物种的减少和灭绝已成为主要的生态环境问题。根据化石记录估计,哺乳动物和鸟类的背景灭绝速率为每500~1000年灭绝一个种。而目前物种的灭绝速率高于其"背景"速率100~1000倍。如此异乎寻常的不同层次的生物多样性丧失,主要是人类活动所导致,包括生境的破坏及片段化、资源的过度开发、生物入侵、环境污染和气候变化等,其中生物栖息地的破坏和生境片段化对生物多样性的丧失"贡献"最大。

1. 栖息地的破坏和生境片段化

由于工农业的发展,围湖造田、森林破坏、城市扩大、水利工程建设、环境污染等的影响,生物的栖息地急剧减少,导致许多生物的濒危和灭绝。森林是世界上生物多样性最丰富的生物栖聚场所。由于生境破坏而导致的生境片段化形成的生境岛屿对生物多样性减少的影响更大,这种影响间接导致生物的灭绝。比如森林的不合理砍伐,导致森林的不连续性斑块状分布,即所谓的生境岛屿,一方面使残留的森林的边缘效应扩大,原有的生境条件变得恶劣;另一方面改变了生物之间的生态关系,如生物被捕食、被寄生的概率增大。这两方面都间接地加速了物种的灭绝。近年来,野味店的兴起和奢侈品的消费热加剧了人们对野生动植物的乱捕滥杀、乱采滥挖。甚至连一些受国家保护的野生动物,也成了食客口中的佳肴。另外,由于人们采集过度,不少名贵的药用植物如人参、杜仲、石斛、黄芪和天麻等已经濒临绝迹。

近年来,大西洋两岸几千只海豹由于 DDT、多氯联苯等杀虫剂中毒致死。人类向大气排放的大量污染物质,如氮氧化物、硫氧化物、碳氧化物、碳氢化合物等,还有各种粉尘、悬浮颗粒,使许多动植物的生存环境受到影响。大剂量的大气污染会使动物很快中毒死亡。水污染加剧水体的富营养化,使得鱼类的生存受到威胁。土壤污染也是影响生物多样性的重要因素之一。

2. 资源的不合理利用

农、林、牧、渔及其他领域的不合理的开发活动直接或间接地导致了生物多样性的减少。自 20 世纪 50 年代,"绿色革命"中出现产量或品质方面独具优势的品种,被迅速推广传播,很快排挤了本地品种,印度尼西亚 1500 个当地水稻品种在 15 年内消失。这种遗传多样性丧失造成农业生产系统抵抗力下降,而且随着作物种类的减少,当地固氮菌、捕食者、传粉者、种子传播者以及其他一些传统农业系统中通过几世纪共同进化的物种消失了。在林区,快速和全面地转向单优势种群的经济作物,正演绎着同样的故事。在经济利益的驱动下,水域中的过度捕捞,牧区的超载放牧,对生物物种的过度捕猎和采集等掠夺式利用方式,使生物物种难以正常繁衍。

3. 生物入侵

人类有意或无意地引入一些外来物种,破坏景观的自然性和完整性,物种之间缺乏相互制约,导致一些物种的灭绝,影响遗传多样性,使农业、林业、渔业或其他方面的经济遭受损失。在全世界濒危植物名录中,有 35%~46% 物种的濒危是部分或完全由外来物种入侵引起的。如澳大利亚袋狼灭绝的原因除了人为捕杀外,还有家犬的引入,家犬引入后产生野犬,种间竞争导致袋狼数量下降。

4. 环境污染

环境污染对生物多样性的影响除了使生物的栖息环境恶化,还直接威胁着生物的正常生长发育。农药、重金属等在食物链中的逐级浓缩、传递严重危害着食物链上端的生物。目前由于污染，全球已有 2/3 的鸟类生殖力下降，每年至少有 10 万只水鸟死于石油污染。

(二) 保护生物多样性

保护生物多样性必须在遗传、物种和生态系统三个层次上都保护。保护的内容主要包括：一是对那些面临灭绝的珍稀濒危物种和生态系统的绝对保护，二是对数量较大的可以开发的资源进行可持续的合理利用。

保护生物多样性，主要可以从以下几个方面入手。

1. 就地保护

就地保护主要是就地设立自然保护区、国家公园、自然历史纪念地等，将有价值的自然生态系统和野生生物环境保护起来，以维持和恢复物种群体所必需的生存、繁衍与进化的环境，限制或禁止捕猎和采集，控制人类的其他干扰活动。

2. 迁地保护

迁地保护就是通过人为努力，把野生生物物种的部分种群迁移到适当的地方加以人工管理和繁殖，使其种群能不断有所扩大。迁地保护适合受到高度威胁的动植物物种的紧急拯救，如利用植物园、动物园、迁地保护基地和繁育中心等对珍稀濒危动植物进行保护。由于我国在珍稀动物的保存和繁育技术方面不断取得进展，许多珍稀濒危动物可以在动物园进行繁殖，如大熊猫、东北虎、华南虎、雪豹、黑颈鹤、丹顶鹤、金丝猴、扬子鳄、扭角羚、黑叶猴等。

3. 离体保存

在就地保护及迁地保护都无法实施保护的情况下，生物多样性的离体保护应运而生。通过建立种子库、精子库、基因库，对生物多样性中的物种和遗传物质进行离体保护。

4. 放归野外

我国对养殖繁育成功的濒危野生动物，逐步放归自然进行野化，例如，麋鹿、东北虎、野马的放归野化工作已开始，并取得一定成效。

保护生物多样性是我们每一个公民的责任和义务。善待众生首先要树立良好的行为规范，不参与乱捕滥杀、乱砍滥伐的活动，拒吃野味，还要广泛宣传保护物种的重要性，坚决同破坏物种资源的现象作斗争。

此外，健全法律法规、防治污染、加强环境保护宣传教育和加大科学研究力度等也是保护生物多样性的重要途径。

在保护生物多样性的工作中，采用科学研究途径，探索现存野生生物资源的分布、栖息地、种群数量、繁殖状况、濒危原因，研究和分析开发利用现状、已采取的保护措施、存在的问题等，一般采取以下研究途径。

①分析生物多样性现状。

②对特殊生物资源进行研究。

③研究生物多样性保护与开发利用关系。

④实行生物种资源的就地保护。

⑤实行生物种资源的迁地保护。

⑥建立种质资源基因库。

⑦研究环境污染对生物多样性的影响。

⑧建立自然保护区，加强生物多样性保护的策略研究，采用先进的科学技术手段，例如遥感、地理信息系统、全球定位系统等。

第三节 湖泊生态系统的修复

一、湖泊生态系统修复的生态调控措施

治理湖泊的方法有：物理方法，如机械过滤、疏浚底泥和引水稀释等；化学方法如杀藻剂杀藻等；生物方法如放养鱼等；物化法如木炭吸附藻毒素等。各类方法的主要目的是降低湖泊内的营养负荷，控制过量藻类的生长，均取得了一定的成效。

（一）物理、化学措施

在控制湖泊营养负荷实践中，研究者已经发明了许多方法来降低内部磷

负荷，例如通过水体的有效循环，不断干扰温跃层，该不稳定性可加快水体与 DO（溶解氧）、溶解物等的混合，有利于水质的修复。削减浅水湖的沉积物，采用铝盐及铁盐离子对分层湖泊沉积物进行化学处理，向深水湖底层充入氧或氮。

（二）水流调控措施

湖泊具有水"平衡"现象，它影响着湖泊的营养供给、水体滞留时间及由此产生的湖泊生产力和水质。若水体滞留时间很短，如在 10d 以内，藻类生物量不可能积累。水体滞留时间适当时，既能大量提供植物生长所需营养物，又有足够时间供藻类吸收营养促进其生长和积累。如有足够的营养物和 100d 以上到几年的水体滞留时间，可为藻类生物量的积累提供足够的条件。因此，营养物输入与水体滞留时间对藻类生产的共同影响，成为预测湖泊状况变化的基础。

为控制浮游植物的增加，使水体内浮游植物的损失超过其生长，除对水体滞留时间进行控制或换水外，增加水体冲刷以及其他不稳定因素也能实现这一目的。由于在夏季浮游植物生长不超过 3~5d，因此这种方法在夏季不宜采用。但是，在冬季浮游植物生长慢的时候，冲刷等流速控制方法可能是一种更实用的修复措施，尤其对于冬季藻氰菌的浓度相对较高的湖泊十分有效。冬季冲刷之后，藻类数量大量减少，次年早春湖泊中大型植物就可成为优势种属。这一措施已经在荷兰一些湖泊生态系统修复中得到广泛应用，且取得了较好的效果。

（三）水位调控措施

水位调控已经被作为一类广泛应用的湖泊生态系统修复措施。这种方法能够促进鱼类活动，改善水鸟的生境，改善水质，但由于娱乐、自然保护或农业等因素，有时对湖泊进行水位调节或换水不太现实。

由于自然和人为因素引起的水位变化，会涉及多种因素，如湖水浑浊度、水位变化程度、波浪的影响（与风速、沉积物类型和湖的大小有关）和植物类型等，这些因素的综合作用往往难以预测。一些理论研究和经验数据表明水深和沉水植物的生长存在一定关系。即，如果水过深，植物生长会受到光线限制；如果水过浅，频繁的再悬浮和较差的底层条件，会使得沉积物稳定性下降。

通过影响鱼类的聚集，水位调控也会对湖水产生间接的影响。在一些水库中，有人发现改变水位可以减少食草鱼类的聚集，进而改善水质。而且，短期的水位下降可以促进鱼类活动，减少食草鱼类和底栖鱼类数量，增加食肉性鱼类的生物量和种群大小。这可能是因为低水位生境使受精鱼卵干涸而无法孵化，或者增加了被捕食的危险。

此外，水位调控还可以控制损害性植物的生长，为营养丰富的浑浊湖泊向清水状态转变创造有利条件。浮游动物对浮游植物的取食量由于水位下降而增加，改善了水体透明度，为沉水植物生长提供了良好的条件。这种现象常常发生在富含营养底泥的重建性湖泊中。该类湖泊营养物浓度虽然很高，但由于含有大量的大型沉水植物，在修复后一年之内很清澈，然而几年过后，便会重新回到浑浊状态，同时伴随着食草性鱼类的迁徙进入。

（四）大型水生植物的保护和移植

因为水生植物处于初级生产者的地位，二者相互竞争营养、光照和生长空间等生态资源，所以水生植物的生长及修复对于富营养化水体的生态修复具有极其重要的地位和作用。

围栏结构可以保护大型植物免遭水鸟的取食，这种方法也可以作为鱼类管理的一种替代或补充方法。围栏能提供一个不被取食的环境，大型植物可在其中自由生长和繁衍。另外，植物或种子的移植也是一种可选的方法。

（五）生物操纵与鱼类管理

生物操纵即通过去除浮游生物捕食者或添加食鱼动物降低以浮游生物为食鱼类的数量，使浮游动物的体型增大，生物量增加，从而提高浮游动物对浮游植物的摄食效率，降低浮游植物的数量。生物操纵可以通过许多不同的方式来克服生物的限制，进而加强对浮游植物的控制，利用底栖食草性鱼类减少沉积物再悬浮和内部营养负荷。

引人注目的是，在富营养化湖中，鱼类数目减少通常会引发一连串的短期效应。浮游植物生物量的减少改善了透明度。小型浮游动物遭鱼类频繁的捕食，使叶绿素/TP的比率常常很高，鱼类管理导致营养水平降低。

在浅的分层富营养化湖泊中进行的实验中，总磷浓度下降30%～50%，水底微型藻类的生长通过改善沉积物表面的光照条件，刺激了无机氮和磷的混合。由于捕食率高（特别是在深水湖中），水底藻类、浮游植物不会沉积太多，低的捕食压力下更多的水底动物最终会导致沉积物表面更高的氧化还原作用，这就减少了磷的释放，进一步加快了硝化—脱氮作用。此外，底层无脊椎动物和藻类可以稳定沉积物，因此减少了沉积物再悬浮的概率。更低的鱼类密度减轻了鱼类对营养物浓度的影响。而且，营养物随着鱼类的运动而移动，随着鱼类而移动的磷含量超过了一些湖泊的平均含量，相当于20%～30%的平均外部磷负荷，这相比于富营养湖泊中的内部负荷还是很低的。

如果浅的温带湖泊中磷的浓度减少到0.05～0.1mg/L，并且水深超过6～8m时，鱼类管理将会产生重要的影响，其关键是使生物结构发生改变。然而，如果氮负荷比较低，总磷的消耗会由于鱼类管理而发生变化。

（六）适当控制大型沉水植物的生长

虽然大型沉水植物的重建是许多湖泊生态系统修复工程的目标，但密集植物床在营养化湖泊中出现时也有危害性，如降低垂钓等娱乐价值，妨碍船的航行等。此外，生态系统的组成会由于入侵物种的过度生长而发生改变，如欧亚孤尾藻在美国和非洲的许多湖泊中已对本地植物构成严重威胁。对付这些危害性植物的方法包括特定食草昆虫如象鼻虫和食草鲤科鱼类的引入、每年收割、沉积物覆盖、下调水位或用农药进行处理等。

通常，收割和水位下降只能起短期的作用，因为这些植物群落的生长很快而且外部负荷高。引入食草鲤科鱼类的作用很明显，因此目前世界上此方法应用最广泛，但该类鱼过度取食又可能使湖泊由清澈转为浑浊状态。另外，鲤鱼不好捕捉，这种方法也应该谨慎采用。实际应用过程中很难达到大型沉水植物的理想密度以促进群落的多样性。

大型植物蔓延的湖泊中，经常通过挖泥机或收割的方式来实现其数量的削减。这可以提高湖泊的娱乐价值，提高生物多样性，并对肉食性鱼类有好处。

（七）蚌类与湖泊的修复

蚌类是湖泊中有效的滤食者。有时大型蚌类能够在短期内将整个湖泊的水过滤一次。但在浑浊的湖泊很难见到它们的身影，这可能是由于它们在幼体阶段即被捕食。这些物种的再引入对于湖泊生态系统修复来说切实有效，但目前为止没有得到重视。

19世纪时，斑马蚌进入欧洲，当其数量足够大时会对水的透明度产生重要影响，已有实验表明其重要作用。基质条件的改善可以提高蚌类的生长速度。蚌类在改善水质的同时也增加了水鸟的食物来源，但也不排除产生问题的可能。如在北美，蚌类由于缺乏天敌而迅速繁殖，已经达到很大的密度，大量的繁殖导致了五大湖近岸带叶绿素 a 与 TP 的比率大幅度下降，加之恶臭水输入水库，从而让整个湖泊生态系统产生难以控制的影响。

二、陆地湖泊生态修复的方法

湖泊生态修复的方法，总体而言可以分为外源性营养物种的控制措施和内源性营养物质的控制措施两大部分。

（一）外源性方法

1. 截断外来污染物的排入

由于湖泊污染、富营养化基本上来自外来物质的输入。因此要采取如下几个方面进行截污。首先，对湖泊进行生态修复的重要环节是实现流域内废、污水的集中处理，使之达标排放，从根本上截断湖泊污染物的输入。其次，对湖区来水区域进行生态保护，尤其是植被覆盖低的地区，要加强植树种草，扩大植被覆盖率，目的是对湖泊产水区的污染物削减净化，从而减少来水污染负荷。因为，相对于较容易实现截断控制的点源污染，面源污染量大，分布广，尤其主要分布在农村地区或山区，控制难度较大。再次，应加强监管，严格控制湖滨带度假村、餐饮的数量与规模，并监管其废、污水的排放。对游客产生的垃圾，要及时处理，尤其要采取措施防治隐蔽处的垃圾产生。规范渔业养殖及捕捞，退耕还湖，保护周边生态环境。

2. 恢复和重建湖滨带湿地生态系统

湖滨带湿地是水陆生态系统间的一个过渡和缓冲地带，具有保持生物多样性、调节相邻生态系统稳定、净化水体、减少污染等功能。建立湖滨带湿地，恢复和重建湖滨水生植物，利用其截留、沉淀、吸附和吸收作用，净化水质，控制污染物。同时，能够营造人水和谐的亲水空间，也为两栖水生动物修复其生长空间及环境。

（二）内源性方法

1. 物理法

（1）引水稀释

通过引用清洁外源水，对湖水进行稀释和冲刷。这一措施可以有效降低湖内污染物的浓度，提高水体的自净能力。这种方法只适用于可用水资源丰富的地区。

（2）底泥疏浚

多年的自然沉积，湖泊的底部积聚了大量的淤泥。这些淤泥富含营养物质及其他污染物质，如重金属能为水生生物生长提供营养物质来源，而底泥污染物释放会加速湖泊的富营养化进程，甚至引起水华的发生。因此，疏浚底泥是一种减少湖泊内营养物质来源的方法。但施工中必须注意防止底泥的泛起，对移出的底泥也要进行合理的处理，避免二次污染的发生。

（3）底泥覆盖

底泥覆盖的目的与底泥疏浚相同，在于减少底泥中的营养盐对湖泊的影响，但这一方法不是将底泥完全挖出，而是在底泥层的表面铺设一层渗透性小的物质，如生物膜或卵石，可以有效减少水流扰动引起底泥翻滚的现象，抑制底泥营养盐的释放，提高湖水清澈度，促进沉水植物的生长。但需要注意的是铺设透水性太差的材料，会严重影响湖泊固有的生态环境。

（4）其他一些物理方法

除了以上三种较成熟、简便的措施外，还有其他一些新技术投入应用，如水力调度技术、气体抽提技术和空气吹脱技术。水力调度技术是根据生物体的生态水力特性，人为营造出特定的水流环境和水生生物所需的环境，来抑制藻类大量繁殖。气体抽取技术是利用真空泵和井，将受污染区的有机物蒸气或转变为气相的污染物，从湖中抽取，收集处理。空气吹脱技术是将压缩空气注入受污染区域，将污染物从附着物上去除。结合提取技术可以得到较好效果。

2. 化学方法

化学方法就是针对湖泊中的污染特征，投放相应的化学药剂，应用化学反应除去污染物质而净化水质的方法。常用的化学方法有：对于磷元素超标，可以通过投放硫酸铝 $[Al_2(SO_4)_3 \cdot 18H_2O]$，去除磷元素；针对湖水酸化，通过投放石灰来进行处理；对于重金属元素，常常投放石灰和硫化钠等；投放氧化剂来将有机物转化为无毒或者毒性较小的化合物，常用的有二氧化氯、次氯酸钠或者次氯酸钙、过氧化氢、高锰酸钾和臭氧。但需要注意的是化学方法处理虽然操作简单，但费用较高，而且往往容易造成二次污染。

3. 生物方法

生物方法也称生物强化法，主要是依靠湖水中的生物，增强湖水的自净能力，从而达到恢复整个生态系统的方法。

(1) 深水曝气技术

当湖泊出现富营养化现象时，往往是水体溶解氧大幅降低，底层甚至出现厌氧状态。深水曝气便是通过机械方法将深层水抽取上来，进行曝气，之后回灌，或者注入纯氧和空气，使得水中的溶解氧增加，改善厌氧环境为好氧环境，使藻类数量减少，水华程度明显减轻。

(2) 水生植物修复

水生植物是湖泊中主要的初级生产者之一，往往是决定湖泊生态系统稳定的关键因素。水生植物生长过程中能将水体中的富营养化物质如氮、磷元素吸收、固定，既满足生长需要，又能净化水体。但修复湖泊水生植物是一项复杂的系统工程，需要考虑整个湖泊现有水质、水温等因素，确定适宜的植物种类，采用适当的技术方法，逐步进行恢复。具体的技术方法有：第一，人工湿地技术。通过人工设计建造湿地系统，适时适量收割植物，将营养物质移出湖泊系统，从而达到修复整个生态系统的目的。第二，生态浮床技术。采用无土栽培技术，以高分子材料为载体和基质（如发泡聚苯乙烯），综合集成的水面无土种植植物技术，既可种植经济作物，又能利用废弃塑料，同时不受光照等条件限制，应用效果明显。这一技术与人工湿地的最大优势就在于不占用土地。第三，前置库技术。前置库是位于受保护的湖泊水体上游支流的天然或人工库（塘）。前置库不仅可以拦截暴雨径流，还具有吸收、拦截部分污染物质、富营养物质的功能。在前置库中种植合适的水生植物能有效地达到这一目标。这一技术与人工湿地类似，但位置更靠前，处于湖泊水体主体之外。对水生植物修复方法而言，能较为有效地恢复水质，而且投入较低，实施方便，但由于水生植物有一定的生命周期，应该及时予以收割处理，减少因自然凋零腐烂而引起的二次污染。同时选择植物种类时也要充分考虑湖泊自身生态系统中的品种，避免因引入物质不当而引起的入侵。

（3）水生动物修复

主要利用湖泊生态系统中食物链关系，通过调节水体中生物群落结构的方法来控制水质。主要是调整鱼群结构，针对不同的湖泊水质问题类型，在湖泊中投放、发展某种鱼类，抑制或消除另外一些鱼类，使整个食物网适合于鱼类自身对藻类的捕食和消耗，从而改善湖泊环境。比如通过投放肉食性鱼类来控制浮游生物食性鱼类或底栖生物食性鱼类，从而控制浮游植物的大量生长；投放植食（滤食）性鱼类，影响浮游植物，控制藻类过度生长。水生动物修复方法成本低廉，无二次污染，同时可以收获水产品，在较小的湖泊生态系统中应用效果较好。但对大型湖泊，由于其食物链、食物网关系复杂，需要考虑的因素较多，应用难度相应增加同时也需要考虑生物入侵问题。

（4）生物膜技术

这一技术指根据天然河床上附着生物膜的过滤和净化作用，应用表面积较大的天然材料或人工介质为载体，利用其表面形成的黏液状生态膜，对污染水体进行净化。由于载体上富集了大量的微生物，能有效拦截、吸附、降解污染物质。

三、城市湖泊的生态修复方法

北方湖泊要进行生态修复，首先要进行城市湖泊生态面积的计算及最适生态需水量的计算，其次，进行最适面积的城市湖泊建设，每年保证最适生态需水量的供给，采用与南方城市湖泊同样的生态修复方法。南、北城市湖泊相同的生态修复方法如下。

（一）清淤疏浚与曝气相结合

造成现代城市湖泊富营养化的主要原因是氮、磷等元素的过量排放，其中氮元素在水体中可以被重吸收进行再循环，而磷元素却只能沉积于湖泊的底泥中。因此，单纯的截污和净化水质是不够的，要进行清淤疏浚。对湖泊底泥污染的处理，首先应是曝气或引入耗氧微生物相结合的方法进行处理，然后再进行清淤疏浚。

（二）种植水生生物

在疏浚区的岸边种植挺水植物和浮叶植物，在游船活动的区域种植不同种类的沉水植物。根据水位的变化及水深情况，选择乡土植物形成湿生—水生植物群落带。所选野生植物包括黄菖蒲、水葱、萱草、荷花、睡莲、野菱等。植物生长能促进悬浮物的沉降，增加水体的透明度，吸收水和底泥中的营养物质，改善水质，增加生物多样性，并有良好的景观效果。

（三）放养滤食性的鱼类和底栖生物

放养鲢鱼、鳙鱼等滤食性鱼类和水蚯蚓、羽苔虫、田螺、圆蚌、湖蚌等底栖动物，依靠这些动物的过滤作用，减轻悬浮物的污染，增加水体的透明度。

（四）彻底切断外源污染

外源污染指来自湖泊以外区域的污染，包括城市各种工业污染、生活污染、家禽养殖场及家畜养殖场的污染。要做到彻底切断外源污染，一要关闭以前所有通往湖泊的排污口；二要运转原有污水污染物处理厂；三要增建新的处理厂、进行合理布局，保证所有处理厂的处理量等于甚至略大于城市的污染产生量，保证每个处理厂正常运转，并达标排放。污水污染物处理厂，包括工业污染处理厂、生活污染处理厂及生活污水处理厂。工业污染物要在工业污染处理厂进行处理。生活固态污染物要在生活污染处理厂进行处理。生活污水、家禽养殖场及家畜养殖场的污、废水引入生活污水处理厂进行处理。

（五）进行水道改造工程

有些城市湖泊为死水湖，容易滞水而形成污染，要进行湖泊的水道连通工程，让死水湖变为活水湖，保持水分的流动性，消除污水的滞留以达到稀释、扩散从而得以净化。

（六）实施城市雨污分流工程及雨水调蓄工程

城市雨污分流工程主要是将城市降水与生活污水分开。雨水调蓄工程是在城市建地下初降雨水调蓄池，贮藏初降雨水。初降雨水，既带来了大气中的污染物，又带来了地表面的污染物，是非点源污染的携带者，不经处理，长期积累，将造成湖泊的泥沙沉积及污染。建初降雨水调蓄池，在降雨初期暂存高污染的初降雨水，然后在降雨后引入污水处理厂进行处理，这样可以防止初降雨水带来的非点源污染对湖泊的影响。实施城市雨污分流工程，把城市雨水与生活污水分离开，将后期基本无污染的降水直接排入天然水体，从而减轻污水处理厂的负担。

（七）加强城市绿化带的建设

城市绿化带美化城市景观的作用不仅表现在吸收二氧化碳，制造氧气，防风防沙，保持水土，减缓城市"热岛"效应，调节气候，还有其他很重要的生态修复作用如滞尘、截尘、吸尘作用和吸污、降污作用。加强城市绿化带的建设，包括河滨绿化带、道路绿化带、湖泊外缘绿化带等的建设。在城市绿化带的建设中，建议种植乡土种植物，种类越多样越好，这样不容易出现生物入侵现象，互补性强，自组织性强，自我调节力高，稳定性高，容易达到生态平衡。

（八）打捞悬浮物

设置打捞船只，及时进行树叶、纸张等杂物的清理，保持水面干净。

第四节　河流与地下水的生态修复

一、河流生态系统的修复

(一) 自然净化修复

自然净化是河流的一个重要特征，指河流受到污染后能在一定程度上通过自然净化使河流恢复到受污染以前的状态。污染物进入河流后，在水流中有机物经微生物氧化降解，逐渐被分解，最后变为无机物，并进一步被分解、还原，离开水相，使水质得到恢复，这是水体的自净作用。水体自净作用包括物理、化学及生物学过程，通过改善河流水动力条件、提高水体中有益菌的数量等，有效提高水体的自净作用。

(二) 植被修复

恢复重建河流岸边带湿地植物及河道内的多种生态类型的水生高等植物，可以有效提高河岸抗冲刷强度、河床稳定性，也可以截留陆源的泥沙及污染物，还可以为其他水生生物提供栖息、觅食、繁育场所，改善河流的景观功能。

在水工、水利安全许可的前提下，尽可能地改造人工砌护岸、恢复自然护坡，恢复重建河流岸边带湿地植物，因地制宜地引种、栽培多种类型的水生高等植物。在不影响河流通航、泄洪排涝的前提下，在河道内也可引种沉水植物等，以改善水环境质量。

(三) 生态补水

河流生态系统中的动物、植物及微生物组成都是长期适应特定水流、水位等特征而形成的特定的群落结构。为了保持河流生态系统的稳定，应根据河流生态系统主要种群的需要，调节河流水位、水量等，以满足水生高等植物的生长、繁殖。例如：在洪涝年份，应根据水生高等植物的耐受性，及时采取措施，降低水位，避免水位过高对水生高等植物的压力；在干旱年份，水位太低，河床干枯，为了保证水生高等植物正常生长繁殖，必须适当提高水位，满足水生高等植物的需要。

（四）生物—生态修复技术

生物—生态修复技术是通过微生物的接种或培养，实现水中污染物的迁移、转化和降解，从而改善水环境质量；同时，引种各种植物、动物等，调整水生生态系统结构，强化生态系统的功能，进一步消除污染，维持优良的水环境质量和生态系统的平衡。

从本质上说，生物—生态修复技术是对自然恢复能力和自净能力的一种强化。生物—生态修复技术必须因地制宜，根据水体污染特性、水体物理结构及生态结构特点等，将生物技术、生态技术合理组合。

常用的技术包括生物膜技术、固定化微生物技术、高效复合菌技术、植物床技术和人工湿地技术等。

生物—生态技术的组合对河流的生态修复，从消除污染着手，不断改善生境，为生态修复重建奠定基础，而生态系统的构建，又为稳定和维持环境质量提供保障。

（五）生物群落重建技术

生物群落重建技术是利用生态学原理和水生生物的基础生物学特性，通过引种、保护和生物操纵等技术措施，系统地重建水生生物多样性。

二、地下水的生态修复

（一）传统修复技术

采用传统修复技术处理受到污染的地下水层时，用水泵将地下水抽取出来，在地面进行处理、净化。这样，一方面取出来的地下水可以在地面得到合适的处理、净化，然后再重新注入地下水或者排放进入地表水体，从而减少了地下水和土壤的污染程度；另一方面可以防止受污染的地下水向周围迁移，减少污染扩散。

（二）原位化学反应技术

微生物生长繁殖过程存在必需营养物，通过深井向地下水层中添加微生物生长过程必需的营养物和具有高氧化还原电位的化合物，改变地下水体的营养状况和氧化还原状态，依靠土著微生物的作用促进地下水中污染物分解和氧化。

（三）生物修复技术

原位自然生物修复，是利用土壤和地下水原有的微生物，在自然条件下对污染区域进行自然修复。但是，自然生物修复也并不是不采取任何行动措施，同样需要制订详细的计划方案，鉴定现场活性微生物，监测污染物降解速率和污染带的迁移等。原位工程生物修复指采取工程措施，有目的地操作土壤和地下水中的生物过程，加快环境修复。在原位工程生物修复技术中，一种途径是提供微生物生长所需要的营养，改善微生物生长的环境条件，从而大幅度提高野生微生物的数量和活性，提高其降解污染物的能力，这种途径称为生物强化修复；另一种途径是投加实验室培养的对污染物具有特殊亲和性的微生物，使其能够降解土壤和地下水中的污染物，称为生物接种修复。地面生物处理是将受污染的土壤挖掘出来，在地面建造的处理设施内进行生物处理，主要有泥浆生物反应器和地面堆肥等。

（四）生物反应器法

生物反应器法是把抽提地下水系统和回注系统结合并加以改进的方法，就是将地下水抽提到地上，用生物反应器加以处理的过程。这种处理方法自然形成一个闭路环，包括以下四个步骤。

第一，将污染地下水抽提至地面。

第二，在地面生物反应器内对污染的地下水进行好氧降解，并不断向生物反应器内补充营养物和氧气。

第三，处理后的地下水通过渗灌系统回灌到土壤内。

第四，在回灌过程中加入营养物和已驯化的微生物，并注入氧气，使生物降解过程在土壤及地下水层内加速进行。

（五）生物注射法

第一，生物注射法是对传统气提技术加以改进而形成的新技术。

第二，生物注射法主要是在污染地下水的下部加压注入空气，气流能加速地下水和土壤中有机物的挥发和降解。

第三,生物注射法主要是通气、抽提联用,并通过增加及延长停留时间促进生物代谢进行降解,提高修复效率。

生物注射法存在着一定的局限性,该方法只能用于土壤气提技术可行的场所,效果受岩相学和土层学的制约,如果用于处理黏土方面,效果也不是很理想。

参考文献

[1] 翟丽芬，王瑞聃，彭聃. 生态环境保护与监测研究 [M]. 哈尔滨：哈尔滨出版社，2024.04.

[2] 邢妍，张志国，王卫. 环境监测与生态环境保护 [M]. 延吉：延边大学出版社，2024.03.

[3] 祝洪芬，周建军，左敬友. 环境工程与可持续发展 [M]. 长春：吉林科学技术出版社，2023.08.

[4] 张桂娟，解晓敏，钟艳霞. 环境保护与生态化工程建设 [M]. 长春：吉林科学技术出版社，2023.06.

[5] 杨丹. 土壤污染与生态修复理论与实践 [M]. 哈尔滨：东北林业大学出版社，2023.06

[6] 丁俊男，钱晶晶，董士嘉. 土壤污染防治与生态修复实验技术 [M]. 哈尔滨：东北林业大学出版社，2023.04.

[7] 尹静章，陈擘擘，陈彦茹. 水环境监测技术 [M]. 延吉：延边大学出版社，2023.09.

[8] 胡素霞，余江，张东飞. 环境工程与能源技术开发 [M]. 长春：吉林科学技术出版社，2022.05.

[9] 张东东，俞华勇，何素娟. 环境工程与生态修复研究 [M]. 长春：吉林科学技术出版社，2022.04.

[10] 于玲红，王晓彤，殷震育；金国辉主审. 环境工程施工技术与管理 [M]. 北京：机械工业出版社，2022.07.

[11] 苏敏华，彭燕，黄晓武. 环境工程实验方法与技术 [M]. 北京：

北京理工大学出版社，2022.12.

[12] 冯新，万俊杰，罗恩荣. 环境工程施工技术 [M]. 武汉：武汉理工大学出版社，2022.08.

[13] 司马卫平，廖熠. 水生态修复技术 [M]. 延吉：延边大学出版社，2022.03.

[14] 刘桂玲，褚丽，李红亮. 河道治理与生态修复工程研究 [M]. 长春：吉林科学技术出版社，2022.09.

[15] 舒乔生，侯新，石喜梅. 城市河流生态修复与治理技术研究 [M]. 郑州：黄河水利出版社，2021.02.

[16] 于英，王凤贤，任美琪. 湿地公园生态修复与规划设计研究 [M]. 中国原子能出版社，2021.09.

[17] 陈海峰，齐丹，宋亚丽. 生态发展背景下的环境治理与修复研究 [M]. 天津：天津科学技术出版社，2021.06.

[18] 闫学全，田恒，谷豆豆. 生态环境优化和水环境工程 [M]. 汕头：汕头大学出版社，2021.08.

[19] 赵景联，刘萍萍. 环境修复工程 [M]. 北京：机械工业出版社，2020.03.

[20] 刘冬梅，高大文. 生态修复理论与技术第2版 [M]. 哈尔滨：哈尔滨工业大学出版社，2020.01.

[21] 殷晓松. 森林植被生态修复研究 [M]. 长春：吉林人民出版社，2020.06.

[22] 韩奇，陈晓东，张荣伟. 城市河道及湿地生态修复研究 [M]. 天津：天津科学技术出版社，2020.07.

[23] 胡保卫，王祥科，邱木清. 土壤污染修复技术研究与应用 [M]. 杭州：浙江科学技术出版社，2020.12.

[24] 李桂菊. 环境生态与健康 [M]. 北京：中国轻工业出版社，2020.12.

[25] 袁涛. 环境健康科学 [M]. 上海：上海交通大学出版社，

2019.12.

[26] 赵晓光，石辉，张建强．环境生态学［M］．北京：机械工业出版社，2019.01.

[27] 廖先容，付震，王学欢．水生态修复技术与施工关键技术［M］．长春：吉林科学技术出版社，2019.08.

[28] 李玉超．水污染治理及其生态修复技术研究［M］．青岛：中国海洋大学出版社，2019.05.

[29] 刁春燕．有机污染土壤植物生态修复研究［M］．成都：西南交通大学出版社，2018.08.

[30] 张坤，张颖，李永峰．基础生态学［M］．哈尔滨：哈尔滨工业大学出版社，2018.03.

[31] 陶乃兵．环境污染控制及其修复技术研究［M］．北京：中国纺织出版社；国家一级出版社；全国百佳图书出版单位，2018.11.